Simon Falconoras

LES CARRÉS MAGIQUES

Essai

Stylit

Sommaire

1ʳᵉ Partie : les rectangles magiques

Avertissement

Afin d'alléger la lecture, les énoncés mathématiques, souvent des démonstrations, sont encadrées sur fond jaune. Ainsi, pour ceux qui le souhaitent, il sera possible de sauter ces paragraphes.

Il est à signaler que toutes les figures magiques (voir la 4ème Partie), dont les carrés magiques ne sont qu'un cas particulier, données en exemple dans ce document ont été réalisées avec un tableur classique.

Définition du cas général

Un rectangle magique de largeur L et de hauteur H est un rectangle comprenant L x H cases, dont chacune contient un nombre compris entre 1 et L x H et dont les sommes des nombres en lignes d'une part et en colonnes d'autre part, sont constantes.

Pour raison d'esthétique, nous n'étudierons que les rectangles magiques contenant une fois et une seule chaque entier de 1 à L x H.

Sommes des rectangles magiques

Le plus grand nombre affiché dans une des cases du rectangle est donc « L x H » (le plus petit est « 1 »). Donc la somme de tous les nombres de 1 à L x H affichés dans un rectangle magique est $\frac{L x H(L x H+1)}{2}$

La somme, notée $\sum_N$, des nombres de 1 à N est égale à $\Sigma_N=\frac{N(N+1)}{2}$

Démonstration (on ajoute 2 fois cette somme terme à terme) :

$$\begin{array}{l} \sum_N = 1 + 2 + 3 + \dots + N \\ +\sum_N = N + (N-1) + (N-2) + \dots + 1 \\ \hline 2\sum_N = (N+1)+(N+1)+(N+1)+ \dots +(N+1) = N(N+1) \end{array}$$

Il y a H lignes donc la somme constante en ligne est : $\Sigma_L=\frac{L(LH+1)}{2}$

Il y a L colonnes donc la somme constante en colonne est : $\Sigma_H=\frac{H(LH+1)}{2}$

Il est à noter que, puisque l'on doit diviser les produits L (L.H+1) et H (L.H+1) par 2, il faut que L et H soient tous les deux pairs ou tous les deux impairs sinon une des sommes n'est pas entière ce qui n'est pas possible avec la définition donnée des rectangles magiques (par exemple il n'y a pas de rectangle magique 2×5)

Exemple : prenons quelques exemples très simples de rectangles magiques

1	6	4	7
8	3	5	2

Ceci est un rectangle magique avec H = 2 et L = 4

La somme en ligne est : $\frac{4(4x2+1)}{2}=18$ La somme en colonne est : $\frac{2(4x2+1)}{2}=9$

<u>Autres exemples</u>

2	4	5	6	10	12	39
11	9	8	7	3	1	39
13	13	13	13	13	13	

8	15	1	24
10	2	12	24
7	14	3	24
9	4	11	24
6	5	13	24
40	40	40	

9	6	20	31	66
24	27	13	2	66
1	16	17	32	66
30	19	14	3	66
12	5	28	21	66
23	26	7	10	66
25	22	4	15	66
8	11	29	18	66
132	132	132	132	

<u>2e partie</u> : Cas particulier du carré magique

Un carré magique est un rectangle magique dont la largeur est égale à la hauteur.

Soit N la taille du carré N = L = H

De ce fait la somme constante en ligne est égale à la somme constante en colonne, est égale à

$$\Sigma_C=\frac{N(N^2+1)}{2}$$

Exemples de carré magique 9 X 9

$$\Sigma_9=\frac{9(9^2+1)}{2}=369$$

1	18	26	34	42	50	58	66	74	369
65	73	9	17	25	33	41	49	57	369
48	56	64	81	8	16	24	32	40	369
31	39	47	55	72	80	7	15	23	369
14	22	30	38	46	63	71	79	6	369
78	5	13	21	29	37	54	62	70	369
61	69	77	4	12	20	28	45	53	369
44	52	60	68	76	3	11	19	36	369
27	35	43	51	59	67	75	2	10	369
369	369	369	369	369	369	369	369	369	

Exemples de carré magique 13 X 13

$$\Sigma_{13}=\frac{13(13^2+1)}{2}=1105$$

1	156	129	102	75	48	21	163	136	109	82	55	28	1105
15	157	143	116	89	62	35	8	150	123	96	69	42	1105
29	2	144	130	103	76	49	22	164	137	110	83	56	1105
43	16	158	131	117	90	63	36	9	151	124	97	70	1105
57	30	3	145	118	104	77	50	23	165	138	111	84	1105
71	44	17	159	132	105	91	64	37	10	152	125	98	1105
85	58	31	4	146	119	92	78	51	24	166	139	112	1105
99	72	45	18	160	133	106	79	65	38	11	153	126	1105
113	86	59	32	5	147	120	93	66	52	25	167	140	1105
127	100	73	46	19	161	134	107	80	53	39	12	154	1105
141	114	87	60	33	6	148	121	94	67	40	26	168	1105
155	128	101	74	47	20	162	135	108	81	54	27	13	1105
169	142	115	88	61	34	7	149	122	95	68	41	14	1105
1105	1105	1105	1105	1105	1105	1105	1105	1105	1105	1105	1105	1105	

Autres propriétés possibles des carrés magiques

Il faut noter que les carrés magiques peuvent être bien plus magiques que les rectangles, car la somme constante, en ligne et en colonne, peut se retrouver dans bien d'autres structures que les simples lignes et colonnes. Comme nous pouvons le constater sur le carré magique de taille 4 suivant :

5	10	3	16	34
4	15	6	9	34
14	1	12	7	34
11	8	13	2	34
34	34	34	34	

En considérant que la ligne du bas est connexe à la ligne du haut et que la colonne de droite est connexe à la colonne de gauche (topologie du tore), pour ce carré magique la somme de toutes les diagonales est constante et égale à 34

5+15+12+2 = 34
10+6+7+11 = 34
3+9+14+8 = 34
4+1+13+16 = 34

5	10	3	16
4	15	6	9
14	1	12	7
11	8	13	2

ou pour les autres diagonales

5	10	3	16
4	15	6	9
14	1	12	7
11	8	13	2

Dans la même logique de topologie du tore, la propriété est vraie pour les sous-carrés de 4 cases.

5	10	3	16
4	15	6	9
14	1	12	7
11	8	13	2

5	10	3	16
4	15	6	9
14	1	12	7
11	8	13	2

Ou

5	10	3	16
4	15	6	9
14	1	12	7
11	8	13	2

5	10	3	16
4	15	6	9
14	1	12	7
11	8	13	2

Méthodes de réalisation d'un carré magique

J'expliciterai 5 méthodes que j'ai trouvées moi-même (je ne prétends pas en être le découvreur, seulement de les avoir trouvées par moi-même).

1ère Méthode : la méthode du cheval pour les carrés magiques de taille impaire

On choisit une diagonale et une case de départ sur cette diagonale. Sur cette case on place le « 1 ». En se mettant toujours dans la logique de topologie du tore, décrite plus haut, il s'agit de se déplacer sur le carré, comme le fait le cheval du jeu d'échec, à une exception près : quand on « butte » sur la diagonale choisie, le chiffre suivant est mis sur la case suivante de la diagonale, dans le sens de déplacement choisi (droite à gauche, gauche à droite, haut vers le bas ou bas vers le haut). Voir dans l'exemple ci-dessous pour 7 et 8, 14 et 15, 21 et 22…

1	9	17	25	33	41	49	175
42	43	2	10	18	26	34	175
27	35	36	44	3	11	19	175
12	20	28	29	37	45	4	175
46	5	13	21	22	30	38	175
31	39	47	6	14	15	23	175
16	24	32	40	48	7	8	175
175	175	175	175	175	175	175	

Évidemment, il n'est pas obligatoire de choisir cette diagonale ni de se déplacer dans ce sens puisqu'à partir d'une case le cheval dispose d'un choix de 8 cases pour se déplacer. Une fois la diagonale et le déplacement du cheval choisi, il ne faut plus en changer.

Cette méthode de déplacement permet de passer sur toutes les cases d'un carré, une fois et une seule. Seuls les carrés de taille impairs construits selon cette méthode sont magiques. Le principe de la démonstration est simple mais le calcul est un peu fastidieux.

Dans cette méthode on montre que la fonction $F_N(c,l)$ qui décrit le carré magique, suivant un déplacement du cheval des échecs, est définie sur 4 zones du carré, avec « c » le numéro de la colonne et « l » celui de la ligne:

avec N la taille du carré $F_N(c,l) = (N+1)\,c - (2N+1)\,l + (N+1) + Z_i(N)$

Zone 1 : $1 \le c \le 2l-1$: $Z_1(N) = 0$
Zone 2 : $2l-1 < c \le l$: $Z_2(N) = N^2$
Zone 3 : $l < c \le 2l - (N+1)$: $Z_3(N) = N^2+N$
Zone 4 : $2l - (N+1) < c \le N$: $Z_4(N) = 2N^2+N$

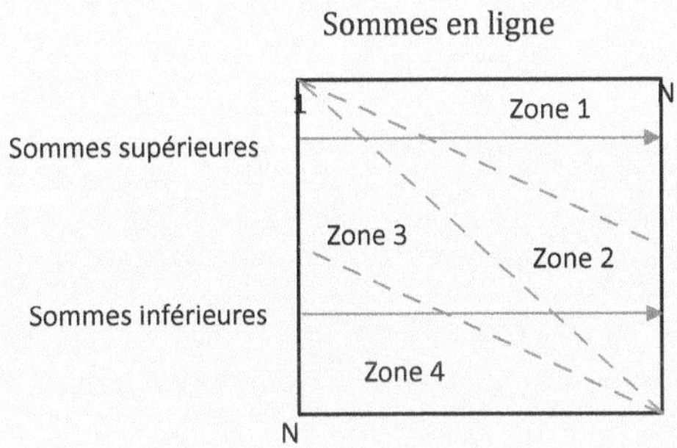

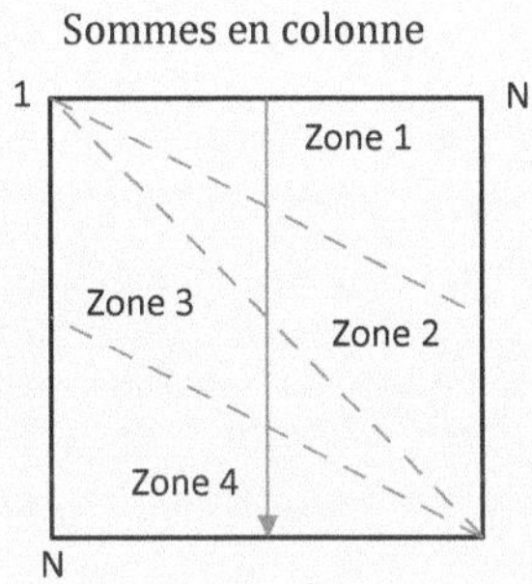

Les sommes supérieures passent par les zones 3,2 et 1 et les somme inférieures passent par les zones 4,3 et 2.
Les sommes en colonne passent par toutes les zones.

On démontre que si N est impair, toutes ces sommes sont constantes quelle que soit la ligne ou la colonne.

$$c \in [1,N] : \sum_{l=1}^{N} F_N(c,l) = \frac{N}{2}(N^2+1)$$

et

$$l \in [1,N] : \sum_{c=1}^{N} F_N(c,l) = \frac{N}{2}(N^2+1)$$

2e méthode : combinaison de sudokus

Cette méthode est facile à démontrer mais plus difficile à mettre en œuvre pour les carrés de grande taille.

À partir de 2 sudokus « compatibles » (et c'est cette « compatibilité » d'où provient la principale difficulté) on peut construire un carré magique. Chaque nombre d'une case du carré magique « C » est défini à partir des 2 nombres des cases correspondantes des 2 sudokus « S_1 » et « S_2 », suivant la formule :

$$C(c,l) = S_1(c,l) + N.(S_2(c,l) - 1)$$

Où c et l sont les numéros de ligne et de colonne.

Il s'agit de sudokus dans un sens plus large que ceux qui servent de support au jeu de passe-temps. Dans ce cas les sudokus peuvent-être de n'importe quelle taille N (pas uniquement 9X9) et il suffit que tous les nombres entre 1 et N soient présents une fois et une seule dans toutes les lignes et dans toutes les colonnes (et non forcément dans les sous-carrés 3X3).

Pour exemple, un carré de 3X3

prenons 2 sudokus :

S_1

1	2	3
3	1	2
2	3	1

et S_2

1	2	3
2	3	1
3	1	2

superposons S_1 et S_2 :

1,1	2,2	3,3
3,2	1,3	2,1
2,3	3,1	1,2

On voit bien que les combinaisons des différentes cases sont différentes et présentes qu'une fois et une seule. C'est en cela que ces sudokus sont compatibles (il n'y a pas de répétition des combinaisons).

Les 2 sudokus S_1 et S_2, seront dits compatibles si :

$\forall(c,l)\in[1,N]^2, \forall(c',l')\in[1,N]^2, \big(S_1(c,l),S_2(c,l)\big) = \big(S_1(c',l'),S_2(c',l')\big) \Leftrightarrow c = c' \text{ et } l = l'$

On en déduit le carré magique en numérotant les cases:
1,1 donne 1 / 1,2 donne 2 / 1,3 donne 3
2,1 donne 4 / 2,2 donne 5 / 2,3 donne 6
3,1 donne 7 / 3,2 donne 8 /3,3 donne 9

Ce qui donne le carré magique :

1	5	9	15
8	3	4	15
6	7	2	15
15	15	15	

Pour un sudoku dont la taille est un nombre premier, le sudoku obtenu par transposition est compatible (ceci est une conjecture non démontrée mais qui devrait pouvoir l'être pour N>3).

La transposition consiste à faire pivoter autour de la diagonale les lignes pour les transformer en colonnes (il ne faut donc pas que la diagonale comporte 2 fois le même nombre).

- N est la taille des sudokus S et S_t et du carré magique C
- « c » est le numéro de la ligne, « l » celui de la colonne
- C(c,l) est la valeur de la case de la l^{ème} ligne et c^{ème} colonne du carré magique
- S(c,l) est la valeur de la case de la l^{ème} ligne et c^{ème} colonne du 1er SUDOKU
- S_t(c,l) est la valeur de la case de la l^{ème} ligne et c^{ème} colonne du 2e SUDOKU (transposé)

S_t est le transposé de S si $\forall (c,l) \in [1,N] \times [1,N] : S_t(c,l) = S(l,c)$

Exemple :

Soit S

1	2	3	4	5
4	5	1	2	3
2	3	4	5	1
5	1	2	3	4
3	4	5	1	2

et donc S_t

1	4	2	5	3
2	5	3	1	4
3	1	4	2	5
4	2	5	3	1
5	3	1	4	2

ce qui donne

1,1	2,4	3,2	4,5	5,3
4,2	5,5	1,3	2,1	3,4
2,3	3,1	4,4	5,2	1,5
5,4	1,2	2,5	3,3	4,1
3,5	4,3	5,1	1,4	2,2

et donc le carré magique

1	9	12	20	23	65
17	25	3	6	14	65
8	11	19	22	5	65
24	2	10	13	16	65
15	18	21	4	7	65
65	65	65	65	65	

Cette méthode permet de construire de très grands carrés magiques dont la dimension est un nombre premier. Le centre du carré 31 X 31 est la case encadrée du « 449 » et la somme est égale à 14911.

1	64	127	190	253	316	379	442	505	568	631	694	757	820	883	946	48	111	174	237	300	363	426	489	552	615	678	741	804	867
34	97	160	223	286	349	412	475	538	601	664	727	790	853	916	18	81	144	207	270	333	396	459	522	585	648	711	774	837	869
67	130	193	256	319	382	445	508	571	634	697	760	823	886	949	51	114	177	240	303	366	429	492	555	618	681	744	776	839	902
100	163	226	289	352	415	478	541	604	667	730	793	856	919	21	84	147	210	273	336	399	462	525	588	651	683	746	809	872	935
133	196	259	322	385	448	511	574	637	700	763	826	889	952	54	117	180	243	306	369	432	495	558	590	653	716	779	842	905	7
166	229	292	355	418	481	544	607	670	733	796	859	922	24	87	150	213	276	339	402	465	497	560	623	686	749	812	875	938	40
199	262	325	388	451	514	577	640	703	766	829	892	955	57	120	183	246	309	372	404	467	530	593	656	719	782	845	908	10	73
232	295	358	421	484	547	610	673	736	799	862	925	27	90	153	216	279	311	374	437	500	563	626	689	752	815	878	941	43	106
265	328	391	454	517	580	643	706	769	832	895	958	60	123	186	218	281	344	407	470	533	596	659	722	785	848	911	13	76	139
298	361	424	487	550	613	676	739	802	865	928	30	93	125	188	251	314	377	440	503	566	629	692	755	818	881	944	46	109	172
331	394	457	520	583	646	709	772	835	898	961	32	95	158	221	284	347	410	473	536	599	662	725	788	851	914	16	79	142	205
364	427	490	553	616	679	742	805	868	900	2	65	128	191	254	317	380	443	506	569	632	695	758	821	884	947	49	112	175	238
397	460	523	586	649	712	775	807	870	933	35	98	161	224	287	350	413	476	539	602	665	728	791	854	917	19	82	145	208	271
430	493	556	619	682	714	777	840	903	5	68	131	194	257	320	383	446	509	572	635	698	761	824	887	950	52	115	178	241	304
463	526	589	621	684	747	810	873	936	38	101	164	227	290	353	416	479	542	605	668	731	794	857	920	22	85	148	211	274	337
496	528	591	654	717	780	843	906	8	71	134	197	260	323	386	449	512	575	638	701	764	827	890	953	55	118	181	244	307	370
498	561	624	687	750	813	876	939	41	104	167	230	293	356	419	482	545	608	671	734	797	860	923	25	88	151	214	277	340	403
531	594	657	720	783	846	909	11	74	137	200	263	326	389	452	515	578	641	704	767	830	893	956	58	121	184	247	310	342	405
564	627	690	753	816	879	942	44	107	170	233	296	359	422	485	548	611	674	737	800	863	926	28	91	154	217	249	312	375	438
597	660	723	786	849	912	14	77	140	203	266	329	392	455	518	581	644	707	770	833	896	959	61	124	156	219	282	345	408	471
630	693	756	819	882	945	47	110	173	236	299	362	425	488	551	614	677	740	803	866	929	31	63	126	189	252	315	378	441	504
663	726	789	852	915	17	80	143	206	269	332	395	458	521	584	647	710	773	836	899	931	33	96	159	222	285	348	411	474	537
696	759	822	885	948	50	113	176	239	302	365	428	491	554	617	680	743	806	838	901	3	66	129	192	255	318	381	444	507	570
729	792	855	918	20	83	146	209	272	335	398	461	524	587	650	713	745	808	871	934	36	99	162	225	288	351	414	477	540	603
762	825	888	951	53	116	179	242	305	368	431	494	557	620	652	715	778	841	904	6	69	132	195	258	321	384	447	510	573	636
795	858	921	23	86	149	212	275	338	401	464	527	559	622	685	748	811	874	937	39	102	165	228	291	354	417	480	543	606	669
828	891	954	56	119	182	245	308	371	434	466	529	592	655	718	781	844	907	9	72	135	198	261	324	387	450	513	576	639	702
861	924	26	89	152	215	278	341	373	436	499	562	625	688	751	814	877	940	42	105	168	231	294	357	420	483	546	609	672	735
894	957	59	122	185	248	280	343	406	469	532	595	658	721	784	847	910	12	75	138	201	264	327	390	453	516	579	642	705	768
927	29	92	155	187	250	313	376	439	502	565	628	691	754	817	880	943	45	108	171	234	297	360	423	486	549	612	675	738	801
960	62	94	157	220	283	346	409	472	535	598	661	724	787	850	913	15	78	141	204	267	330	393	456	519	582	645	708	771	834

Une propriété remarquable est, qu'avec un carré magique, il est facile d'en construire d'autres en intervertissant des lignes avec d'autres lignes et des colonnes avec d'autres colonnes, autant de fois qu'on le souhaite et dans n'importe quel ordre. En réalité chaque carré magique appartient à une classe de carrés magiques obtenus par permutations des lignes et des colonnes.
Il est également évident qu'une rotation ou une symétrie ne change pas les caractéristiques des carrés magiques.

1	41	25	49	8	48	32	56
57	17	33	9	64	24	40	16
6	46	30	54	3	43	27	51
62	22	38	14	59	19	35	11
4	44	28	52	5	45	29	53
60	20	36	12	61	21	37	13
7	47	31	55	2	42	26	50
63	23	39	15	58	18	34	10

63	1	57	6	62	4	60	7
23	47	17	46	22	44	20	41
39	31	36	30	38	28	33	25
15	55	12	52	14	54	9	49
58	2	61	5	59	3	64	8
18	42	21	45	19	43	24	48
34	26	37	29	35	27	40	32
10	50	13	53	11	51	16	56

56	16	51	11	53	13	50	10
32	40	27	35	29	37	26	63
48	24	43	19	45	21	47	23
8	64	3	59	5	36	31	39
49	9	54	14	52	12	55	15
25	33	28	38	30	61	2	58
41	20	44	22	46	17	42	18
7	60	4	62	6	57	1	34

10	63	23	39	15	58	18	34
50	26	47	31	55	2	42	1
13	37	21	36	12	61	17	57
53	29	45	5	52	30	46	6
11	35	19	59	14	38	22	62
51	27	43	3	54	28	44	4
16	40	24	64	9	33	20	60
56	32	48	8	49	25	41	7

Généralisation de la méthode : les cubes magiques

Cette méthode peut être étendue à des dimensions supérieures à 2 pour obtenir des hypercubes magiques : des cubes en dimension supérieure ou égale à 3.

Exemple d'un cube magique de taille 3 en dimension 3

En exemple nous prendrons la dimension de 3 ce qui permettra déjà de démontrer l'existence de ces cubes magiques (pour les dimensions supérieures ça devient un peu plus compliqué à représenter de manière observable, et surtout à réaliser en raison de la nécessité de compatibilité des hyper-sudokus).

Ce cube de taille 3 contient donc 9 colonnes (c), 9 lignes (l) et 9 autres lignes (l') perpendiculaires. À chaque fois la somme, en ligne et en colonne, est constante. Les nombres de 1 à 27 sont répartis dans les 27 cases du cube.

Ces sommes sont donc égales à :

$$\Sigma_3 = \frac{3^3.(3^3+1)}{2.3.3} = 42$$

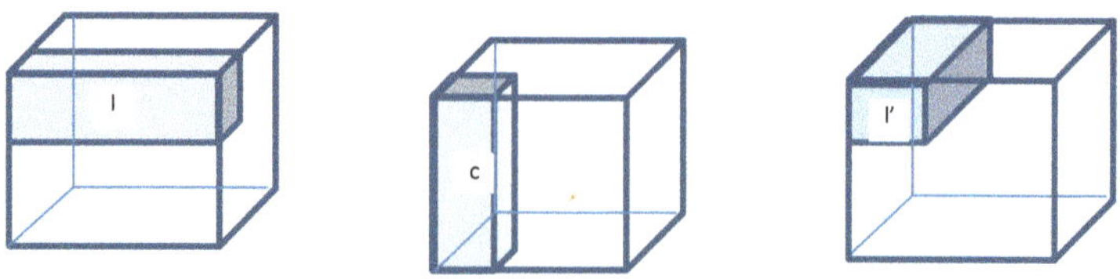

Pour construire le cube magique à partir de 3 sudokus compatibles de taille 3,
on prend la formule : $C(c,l,l') = S_{c,1}(l,l') + 3.(S_{c,2}(l,l') - 1) + 3^2.(S_{c,3}(l,l') - 1)$

$S_{1,1}$			$S_{1,2}$			$S_{1,3}$				C_1			Sommes en ligne
1	2	3	2	1	3	3	1	2		22	2	18	42
2	3	1	1	3	2	2	3	1	→	11	27	4	42
3	1	2	3	2	1	1	2	3		9	13	20	42
										42	42	42	
$S_{2,1}$			$S_{2,2}$			$S_{2,3}$				C_2			
3	1	2	1	3	2	2	3	1		12	25	5	42
1	2	3	3	2	1	1	2	3	→	7	14	21	42
2	3	1	2	1	3	3	1	2		23	3	16	42
										42	42	42	
$S_{3,1}$			$S_{3,2}$			$S_{3,3}$				C_3			
2	3	1	3	2	1	1	2	3		8	15	19	42
3	1	2	2	1	3	3	1	2	→	24	1	17	42
1	2	3	1	3	2	2	3	1		10	26	6	42
										42	42	42	
Sommes en colonne										42	42	42	
Comme précédemment, pour les carrés magiques, on superpose les 3 sudokus et on associe aux triplets les nombres de 1 (1,1,1) à 27 (3,3,3)										42	42	42	
										42	42	42	

Représentation du cube magique sous forme 3D éclatée :

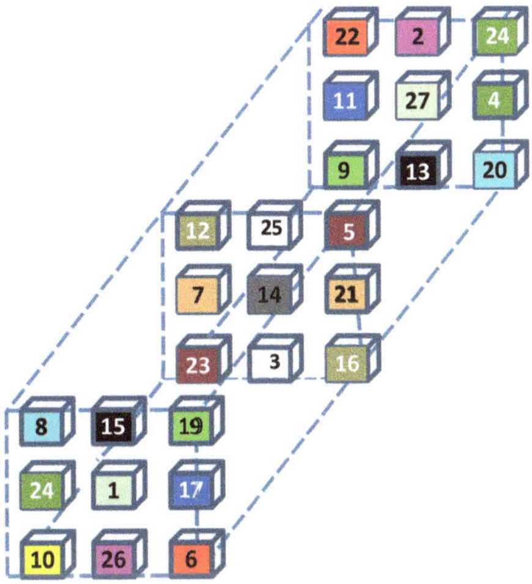

À noter que les sommes suivant les 12 diagonales passant par le centre (case 14) sont également constantes :

22 + 14 + 6 = 18 + 14 + 10 = 9 + 14 + 19 = 20 + 14 + 8 = 42

2 + 14 + 26 = 11 + 14 + 17 = 4 + 14 + 24 = 13 + 14 + 15 = 42

12 + 14 + 16 = 23 + 14 + 5 = 7 + 14 + 21 = 1 + 14 + 21 = 42

Cas général de la méthode des Sudokus : hypercubes magiques de taille N en dimension k

On construit l'hypercube F_N^k, de taille N en dimension k, en utilisant k – 1 Sudokus $S_0, S_1, \ldots, S_{k-1}$ de taille N en dimension 2. La somme en ligne d'un hypercube magique est constante :

$S_k(N) = \frac{N}{2}(N^{k-1}+1)$

F_N^k $(S_0, S_1, \ldots, S_{N-1})$ bijection de $[1,N]^k \rightarrow [1,N^k]$:

$$F_N^k(S_0,S_1,\ldots,S_{N-1})=S_0(l,c)+N\sum_{i=1}^{k-1}N^{i-1}(S_i(l,c)-1)$$

$$si\ \ \forall\, i, S_i=1: MIN(F_N^k)=1$$

$$si\ \ \forall\, i, S_i=N: MAX(F_N^k)=N+N\sum_{i=1}^{k-1}N^{i-1}(N-1)$$

$$MAX(F_N N^k)=N+N(N-1)\sum_{i=1}^{k-1}N^{i-1}$$

Pour mémoire, la somme des n premiers termes d'une suite géométrique a_n de raison q est :

$$\Sigma_n=\frac{q^{n+1}-1}{q-1}$$

$$MAX(F_N^k)=N+N(N-1)\frac{N^{k-1}-1}{N-1}=N+N(N^{k-1}-1)$$

$MAX(F_N^k)=N^k$ Sommes en ligne sur F_N^k (en dimension k, il y a k possibilités de somme en ligne). Dans la méthode toutes les lignes et toutes les colonnes des Sudokus sont des permutations des nombres de 1 à N.

$$\sum_{l=1}^{N}c=\sum_{l=1}^{N}l=\frac{N(N+1)}{2}$$

En faisant la somme sur une ligne l quelconque suivant une des dimensions:

$$\sum_{l=1}^{N}F_N^k(S_0,S_1,\ldots,S_{N-1})=\sum_{l=1}^{N}S_0+N\sum_{l=1}^{N}\sum_{i=1}^{k-1}N^{i-1}(S_i-1)$$

$$\sum_{l=1}^{N}F_N^k(S_0,S_1,\ldots,S_{N-1})=\frac{N(N+1)}{2}+N\sum_{i=1}^{k-1}N^{i-1}\sum_{l=1}^{N}(S_i-1)$$

$$\sum_{l=1}^{N}F_N^k(S_0,S_1,\ldots,S_{N-1})=\frac{N(N+1)}{2}+N\sum_{i=1}^{k-1}N^{i-1}(\frac{N(N+1)}{2}-N)$$

$$\sum_{l=1}^{N}F_N^k(S_0,S_1,\ldots,S_{N-1})=\frac{N(N+1)}{2}+N(\frac{N(N+1)}{2}-N)\sum_{i=1}^{k-1}N^{i-1}$$

$$\sum_{l=1}^{N}F_N^k(S_0,S_1,\ldots,S_{N-1})=\frac{N(N+1)}{2}+N\frac{N(N-1)}{2}.\frac{N^{k-1}-1}{N-1}$$

$$\sum_{l=1}^{N}F_N^k(S_0,S_1,\ldots,S_{N-1})=\frac{N(N+1)}{2}+N\frac{N(N^{k-1}-1)}{2}$$

$$\sum_{l=1}^{N}F_N^k(S_0,S_1,\ldots,S_{N-1})=\frac{N}{2}(N+1+N(N^{k-1}-1))$$

$$\sum_{l=1}^{N}F_N^k(S_0,S_1,\ldots,S_{N-1})=\frac{N}{2}(N^{k-1}+1)$$

3° méthode : Loi de composition des rectangles magiques

À partir de 2 rectangles magiques on peut obtenir un rectangle magique en suivant la loi de composition suivante, notée « * » et que l'on appellera « produit » :

$$\left(R_{p,q} * R'_{u,v}\right)(c,l) = R_{p,q}(c \bmod p, l \bmod q) + pq\left(R'_{u,v}(E(c/v)+1, E(l/p)+1) - 1\right)$$

- Rp,q et R'u,v 2 rectangles avec p et u lignes, q et v colonnes
- c : numéro de la colonne et l : numéro de la ligne
- mod est la fonction modulo : « c mod p » se lit « c modulo p » (le reste de la division algébrique de c par p. Exemple : 5 mod 3 = 2)
- E(): Fonction « partie entière » (Exemple : E(PI) = 3)
- Ce produit n'est pas commutatif (Rp,q * R'u,v ≠ R'u,v * Rp,q)
- L'élément neutre de cette loi de composition est le carré magique de dimension 1 : [1]
- Le nombre de lignes du produit est égal au produit des nombres de lignes
- Le nombre de colonnes du produit est égal au produit des nombres de colonnes

Exemple :

Nl/Nc : Nombre de lignes/de colonnes

Sl/Sc : Somme constante en ligne/en colonne

Nl_1	2	Sl_1	18
Nc_1	4	Sc_1	9

R_1

1	6	4	7	18
8	3	5	2	18
9	9	9	9	

Nl_2	5	Sl_2	24
Nc_2	3	Sc_2	40

R_2

8	15	1	24
10	2	12	24
7	14	3	24
9	4	11	24
6	5	13	24
40	40	40	

Nl*	10	Sl*	726
Nc*	12	Sc*	605

$R = R_1 * R_2$

8	83	53	98	15	90	60	105	1	76	46	91	726
113	38	68	23	120	45	75	30	106	31	61	16	726
10	85	55	100	2	77	47	92	12	87	57	102	726
115	40	70	25	107	32	62	17	117	42	72	27	726
7	82	52	97	14	89	59	104	3	78	48	93	726
112	37	67	22	119	44	74	29	108	33	63	18	726
9	84	54	99	4	79	49	94	11	86	56	101	726
114	39	69	24	109	34	64	19	116	41	71	26	726
6	81	51	96	5	80	50	95	13	88	58	103	726
111	36	66	21	110	35	65	20	118	43	73	28	726
605	605	605	605	605	605	605	605	605	605	605	605	

Dans l'exemple ci-dessus en jaune (avec $Nl_2 \times Nc_2 = 5 \times 3 = 15$) : 89= 14 + 15.(6 – 1)

Comme dit précédemment le produit de rectangles n'est pas commutatif : $R = R_2 * R_1 \neq R_1 * R_2$

57	113	1	62	118	6	60	116	4	63	119	7	726
73	9	89	78	14	94	76	12	92	79	15	95	726
49	105	17	54	110	22	52	108	20	55	111	23	726
65	25	81	70	30	86	68	28	84	71	31	87	726
41	33	97	46	38	102	44	36	100	47	39	103	726
64	120	8	59	115	3	61	117	5	58	114	2	726
80	16	96	75	11	91	77	13	93	74	10	90	726
56	112	24	51	107	19	53	109	21	50	106	18	726
72	32	88	67	27	83	69	29	85	66	26	82	726
48	40	104	43	35	99	45	37	101	42	34	98	726
605	605	605	605	605	605	605	605	605	605	605	605	

Dans l'exemple ci-dessus en gris (avec Nl1 x Nc1 = 2 × 4 = 8) : 92= 4+ 8.(12 – 1)

Cette loi de composition constitue une 3e méthode pour construire des carrés magiques. En effet il est possible de construire un carré magique à partir de 2 rectangles magiques. Il suffit pour cela que le produit des nombres de colonnes soit égal au produit des nombres de lignes :

R_1

1	6	4	7	18
8	3	5	2	18
9	9	9	9	

R_2

1	8	9
6	3	9
4	5	9
7	2	9
18	18	

1	41	25	49	8	48	32	56	260
57	17	33	9	64	24	40	16	260
6	46	30	54	3	43	27	51	260
62	22	38	14	59	19	35	11	260
4	44	28	52	5	45	29	53	260
60	20	36	12	61	21	37	13	260
7	47	31	55	2	42	26	50	260
63	23	39	15	58	18	34	10	260
260	260	260	260	260	260	260	260	

$R= R_1 * R_2$

Dans l'exemple ci-dessus en rouge et en jaune (avec $Nl_2 \times Nc_2 = 4 \times 2 = 8$) :

$37 = 5 + 8.(5 - 1)$
$14 = 6 + 8.(2 - 1)$

Même remarque que précédemment sur la non-commutativité du produit : $C= R_2 * R_1$

1	57	6	62	4	60	7	63	260
41	17	46	22	44	20	47	23	260
25	33	30	38	28	36	31	39	260
49	9	54	14	52	12	55	15	260
8	64	3	59	5	61	2	58	260
48	24	43	19	45	21	42	18	260
32	40	27	35	29	37	26	34	260
56	16	51	11	53	13	50	10	260
260	260	260	260	260	260	260	260	

(avec $Nc_1 \times Nl_1 = Nl_2 \times Nc_2 = 4 \times 2 = 8$) :

$30 = 6 + 8.(4 - 1)$
$37 = 6 + 8.(5 - 1)$

Cas des carrés magiques :

Encore une fois, ce qui s'applique aux rectangles est valable pour les carrés. En reprenant la loi précédente :

$$\textbf{(Cp* Cu)(c,l) = Cp (c mod p, l mod p) + p}^2\textbf{ (Cu(E(c/u)+1,E(l/p)+1) - 1)}$$

Exemple de multiplication d'un carré 3X3 et d'un carré 4X4 :

C_3

<table>
<tr><td>2</td><td>7</td><td>6</td><td>15</td></tr>
<tr><td>9</td><td>5</td><td>1</td><td>15</td></tr>
<tr><td>4</td><td>3</td><td>8</td><td>15</td></tr>
<tr><td>15</td><td>15</td><td>15</td><td>Sc3</td></tr>
</table>

C_4

<table>
<tr><td>16</td><td>2</td><td>7</td><td>9</td><td>34</td></tr>
<tr><td>5</td><td>11</td><td>14</td><td>4</td><td>34</td></tr>
<tr><td>10</td><td>8</td><td>1</td><td>15</td><td>34</td></tr>
<tr><td>3</td><td>13</td><td>12</td><td>6</td><td>34</td></tr>
<tr><td>34</td><td>34</td><td>34</td><td>34</td><td>Sc4</td></tr>
</table>

C 3 * C4

<table>
<tr><td>1</td><td colspan="4" rowspan="4">2 + 3^2 (C4-1)</td><td colspan="4" rowspan="4">7 + 3^2 (C4-1)</td><td colspan="4" rowspan="4">6 + 3^2 (C4-1)</td><td rowspan="4">4 Sc3 + 3 . 3^2 (Sc4-1)
4.15 + 27.(34 - 1)</td><td rowspan="4">870</td></tr>
<tr><td>2</td></tr>
<tr><td>3</td></tr>
<tr><td>4</td></tr>
<tr><td>5</td><td colspan="4" rowspan="4">9 + 3^2 (C4-1)</td><td colspan="4" rowspan="4">5 + 3^2 (C4-1)</td><td colspan="4" rowspan="4">1 + 3^2 (C4-1)</td><td rowspan="4">4 Sc3 + 3 . 3^2 (Sc4-1)</td><td rowspan="4">870</td></tr>
<tr><td>6</td></tr>
<tr><td>7</td></tr>
<tr><td>8</td></tr>
<tr><td>9</td><td colspan="4" rowspan="4">4 + 3^2 (C4-1)</td><td colspan="4" rowspan="4">3 + 3^2 (C4-1)</td><td colspan="4" rowspan="4">8 + 3^2 (C4-1)</td><td rowspan="4">4 Sc3 + 3 . 3^2 (Sc4-1)</td><td rowspan="4">870</td></tr>
<tr><td>10</td></tr>
<tr><td>11</td></tr>
<tr><td>12</td></tr>
<tr><td></td><td>1</td><td>2</td><td>3</td><td>4</td><td>5</td><td>6</td><td>7</td><td>8</td><td>9</td><td>10</td><td>11</td><td>12</td><td></td><td></td></tr>
<tr><td></td><td colspan="4">4 Sc3 + 3 . 3^2 (Sc4-1)</td><td colspan="4">4 Sc3 + 3 . 3^2 (Sc4-1)</td><td colspan="4">4 Sc3 + 3 . 3^2 (Sc4-1)</td><td>4 Sc3 + 3 . 3^2 (Sc4-1)</td><td></td></tr>
<tr><td></td><td colspan="4">870</td><td colspan="4">870</td><td colspan="4">870</td><td></td><td>870</td></tr>
</table>

2	7	6
9	5	1
4	3	8

16	2	7	9
5	11	14	4
10	8	1	15
3	13	12	6

137	11	56	74	142	16	61	79	141	15	60	78	870
38	92	119	29	43	97	124	34	42	96	123	33	870
83	65	2	128	88	70	7	133	87	69	6	132	870
20	110	101	47	25	115	106	52	24	114	105	51	870
144	18	63	81	140	14	59	77	136	10	55	73	870
45	99	126	36	41	95	122	32	37	91	118	28	870
90	72	9	135	86	68	5	131	82	64	1	127	870
27	117	108	54	23	113	104	50	19	109	100	46	870
139	13	58	76	138	12	57	75	143	17	62	80	870
40	94	121	31	39	93	120	30	44	98	125	35	870
85	67	4	130	84	66	3	129	89	71	8	134	870
22	112	103	49	21	111	102	48	26	116	107	53	870
870	870	870	870	870	870	870	870	870	870	870	870	

Exemples pour une meilleure compréhension :

$137 = 2 + 3^2.(16 - 1)$
$9 = 9 + 3^2.(1 - 1)$
$89 = 8 + 3^2.(10 - 1)$
$52 = 7 + 3^2.(6 - 1)$

On peut donc construire les puissances successives d'un carré magique en le multipliant par lui-même :

C3¹

2	7	6	15
9	5	1	15
4	3	8	15
15	15	15	

C3²

11	56	47	16	61	52	15	60	51	369
74	38	2	79	43	7	78	42	6	369
29	20	65	34	25	70	33	24	69	369
18	63	54	14	59	50	10	55	46	369
81	45	9	77	41	5	73	37	1	369
36	27	72	32	23	68	28	19	64	369
13	58	49	12	57	48	17	62	53	369
76	40	4	75	39	3	80	44	8	369
31	22	67	30	21	66	35	26	71	369
369	369	369	369	369	369	369	369	369	

C3³

2	497	416	137	542	461	128	533	452	97	502	421	142	547	466	133	538	457	96	501	420	141	546	465	132	537	456
59	335	11	704	380	56	695	371	47	664	340	16	709	385	61	700	376	52	663	339	15	708	384	60	699	375	51
54	173	578	299	218	623	290	209	614	259	178	583	304	223	628	295	214	619	258	177	582	303	222	627	294	213	618
55	560	479	119	524	443	83	488	407	160	565	484	124	529	448	88	493	412	159	564	483	123	528	447	87	492	411
22	398	74	686	362	38	650	326	2	727	403	79	691	367	43	655	331	7	726	402	78	690	366	42	654	330	6
17	236	641	281	200	605	245	164	569	322	241	646	286	205	610	250	169	574	321	240	645	285	204	609	249	168	573
10	515	434	101	506	425	146	551	470	115	520	439	106	511	430	151	556	475	114	519	438	105	510	429	150	555	474
77	353	29	668	344	20	713	389	65	682	358	34	673	349	25	718	394	70	681	357	33	672	348	24	717	393	69
72	191	596	263	182	587	308	227	632	277	196	601	268	187	592	313	232	637	276	195	600	267	186	591	312	231	636
9	504	423	144	549	468	135	540	459	95	500	419	140	545	464	131	536	455	91	496	415	136	541	460	127	532	451
66	342	18	711	387	63	702	378	54	662	338	14	707	383	59	698	374	50	658	334	10	703	379	55	694	370	46
61	180	585	306	225	630	297	216	621	257	176	581	302	221	626	293	212	617	253	172	577	298	217	622	289	208	613
62	567	486	126	531	450	90	495	414	158	563	482	122	527	446	86	491	410	154	559	478	118	523	442	82	487	406
29	405	81	693	369	45	657	333	9	725	401	77	689	365	41	653	329	5	721	397	73	685	361	37	649	325	1
24	243	648	288	207	612	252	171	576	320	239	644	284	203	608	248	167	572	316	235	640	280	199	604	244	163	568
17	522	441	108	513	432	153	558	477	113	518	437	104	509	428	149	554	473	109	514	433	100	505	424	145	550	469
84	360	36	675	351	27	720	396	72	680	356	32	671	347	23	716	392	68	676	352	28	667	343	19	712	388	64
79	198	603	270	189	594	315	234	639	275	194	599	266	185	590	311	230	635	271	190	595	262	181	586	307	226	631
4	499	418	139	544	463	130	535	454	93	498	417	138	543	462	129	534	453	98	503	422	143	548	467	134	539	458
61	337	13	706	382	58	697	373	49	660	336	12	705	381	57	696	372	48	665	341	17	710	386	62	701	377	53
56	175	580	301	220	625	292	211	616	255	174	579	300	219	624	291	210	615	260	179	584	305	224	629	296	215	620
57	562	481	121	526	445	85	490	409	156	561	480	120	525	444	84	489	408	161	566	485	125	530	449	89	494	413
24	400	76	688	364	40	652	328	4	723	399	75	687	363	39	651	327	3	728	404	80	692	368	44	656	332	8
19	238	643	283	202	607	247	166	571	318	237	642	282	201	606	246	165	570	323	242	647	287	206	611	251	170	575
12	517	436	103	508	427	148	553	472	111	516	435	102	507	426	147	552	471	116	521	440	107	512	431	152	557	476
79	355	31	670	346	22	715	391	67	678	354	30	669	345	21	714	390	66	683	359	35	674	350	26	719	395	71
74	193	598	265	184	589	310	229	634	273	192	597	264	183	588	309	228	633	278	197	602	269	188	593	314	233	638

(La somme est égale à 9855. Vous pouvez vérifier.)

Une curiosité : Les carrés « diagonalement » magiques

Tout comme on a étudié les carrés magiques (en ligne et en colonne), il est possible d'étudier les carrés « diagonalement » magiques. Il s'agit de carré dont les sommes des nombres dans les diagonales sont constantes. Les diagonales étant prises au sens large : les cases du haut étant reliées à celles du bas et celles de droites à celles de gauches (topologie du tore)

Il se trouve que quand on remplit un carré en plaçant les nombres les uns après les autres dans l'ordre naturel : 1,2,3... le carré obtenu est « diagonalement » magique. C'est-à-dire que les sommes des diagonales sont constantes. En exemple ce carré 9 X 9 :

	1	2	3	4	5	6	7	8	9	
	10	11	12	13	14	15	16	17	18	369
	19	20	21	22	23	24	25	26	27	369
	28	29	30	31	32	33	34	35	36	369
	37	38	39	40	41	42	43	44	45	369
	46	47	48	49	50	51	52	53	54	369
	55	56	57	58	59	60	61	62	63	369
	64	65	66	67	68	69	70	71	72	369
	73	74	75	76	77	78	79	80	81	369
369	369	369	369	369	369	369	369	369	369	369

Ces carrés sont aussi magiques que les carrés magiques classiques (lignes/colonnes) cependant ils sont moins spectaculaires, car leurs sommes constantes sont moins visibles et peut-être aussi parce qu'ils sont plus faciles à construire.

Démonstration : les carrés remplis dans l'ordre naturel sont diagonalement magiques

Les nombres d'un carré de taille N sont rangés suivants la règle simple : K(c,l) = N (l – 1) + c
Si on appelle diagonales « D » les diagonales Nord-Ouest/Sud-Est
Pour ces Diagonales « D », il correspond la loi suivante entre lignes « l » et colonnes « c » :
c = 1 + (l + D) mod N (mod N : fonction modulo N = le reste de la division par N)
Donc pour les cases d'une diagonale on a K(c,l) = N (l – 1) +1 + (l + D) mod N
Soit SD les sommes selon les diagonales :

$$SD=\sum_{l=1}^{N} N(l-1)+1+(l+D) mod\, N=\sum_{l=1}^{N} N(l-1)+\sum_{l=1}^{N} 1+\sum_{l=1}^{N}(l+D) mod\, N$$

$$SD=\frac{N^2(N-1)}{2}+N+\frac{N(N-1)}{2}=\frac{N^3-N^2+2N+N^2-N}{2}$$

$$SD=\frac{N(N^2+1)}{2}$$

Si on appelle contre-diagonales « Cd » les diagonales Nord-Est/Sud-ouest. Raisonnons de la même manière :
c = N – (l + Cd) mod N
K(c,l) = N (l – 1) + N – (l + Cd) mod N = Nl – (l + Cd) mod N

$$SCd=\sum_{l=1}^{N} Nl-(l+Cd) mod\, N=\sum_{l=1}^{N} Nl-\sum_{l=1}^{N}(l+Cd) mod\, N=\frac{N^2(N+1)}{2}-\frac{N(N-1)}{2}$$

$$SCd=\frac{N(N^2+1)}{2}$$

Autres types de constructions

En dérivant la méthode de construction ci-dessus, on en déduit d'autres répartitions faciles à imaginer.

	1	2	3	4	
	5	6	7	8	34
	9	10	11	12	34
	13	14	15	16	34
34	34	34	34		34

	1	2	5	6	
	3	4	7	8	34
	9	10	13	14	34
	11	12	15	16	34
34	34	34	34		34

	1	5	6	2	
	9	13	14	10	34
	11	15	16	12	34
	3	7	8	4	34
34	34	34	34		34

	1	2	5	6	
	9	10	13	14	34
	11	12	15	16	34
	3	4	7	8	34
34	34	34	34		34

	1	2	5	6	
	7	8	3	4	34
	9	10	13	14	34
	15	16	11	12	34
34	34	34	34		34

	1	2	5	6	
	9	10	13	14	34
	3	4	7	8	34
	11	12	15	16	34
34	34	34	34		34

	1	2	5	6	
	9	10	13	14	34
	11	12	15	16	34
	3	4	7	8	34
34	34	34	34		34

	1	5	6	2	
	3	7	8	4	34
	9	13	14	10	34
	11	15	16	12	34
34	34	34	34		34

On pense immédiatement à une nouvelle méthode de construction des carrés magiques. Elle consiste à partir d'un carré diagonalement magique et de transformer les diagonales en lignes et en colonnes et donc les lignes et les colonnes en diagonales.

En réalité ce n'est pas aussi simple. D'une part pour les carrés de rang pair, il semble qu'il n'y ait pas de transformation directe de diagonales en lignes et colonnes et d'autre part pour les carrés de rang impair, la transformation est un peu laborieuse mais en faisant attention on y arrive quand même.

Exemples :

	1	2	3	
	4	5	6	15
	7	8	9	15
15	15	15		15

→ donne →

1	6	8	15
9	2	4	15
5	7	3	15
15	15	15	

	1	2	3	
	4	5	6	15
	7	8	9	15
15	15	15		15

→ donne →

1	6	8	15
9	2	4	15
5	7	3	15
15	15	15	

1	2	3	4	5	
6	7	8	9	10	65
11	12	13	14	15	65
16	17	18	19	20	65
21	22	23	24	25	65
65	65	65	65		65

1	19	7	25	13	65
14	2	20	8	21	65
22	15	3	16	9	65
10	23	11	4	17	65
18	6	24	12	5	65
65	65	65	65	65	

1	2	3	4	5	
6	7	8	9	10	65
11	12	13	14	15	65
16	17	18	19	20	65
21	22	23	24	25	65
65	65	65	65		65

1	19	7	25	13	65
14	2	20	8	21	65
22	15	3	16	9	65
10	23	11	4	17	65
18	6	24	12	5	65
65	65	65	65	65	

1	2	3	4	5	6	7	
8	9	10	11	12	13	14	175
15	16	17	18	19	20	21	175
22	23	24	25	26	27	28	175
29	30	31	32	33	34	35	175
36	37	38	39	40	41	42	175
43	44	45	46	47	48	49	175
175	175	175	175	175	175		175

1	26	44	20	38	14	32	175
33	2	27	45	21	39	8	175
9	34	3	28	46	15	40	175
41	10	35	4	22	47	16	175
17	42	11	29	5	23	48	175
49	18	36	12	30	6	24	175
25	43	19	37	13	31	7	175
175	175	175	175	175	175	175	

1	2	3	4	5	6	7	
8	9	10	11	12	13	14	175
15	16	17	18	19	20	21	175
22	23	24	25	26	27	28	175
29	30	31	32	33	34	35	175
36	37	38	39	40	41	42	175
43	44	45	46	47	48	49	175
175	175	175	175	175	175		175

1	26	44	20	38	14	32	175
33	2	27	45	21	39	8	175
9	34	3	28	46	15	40	175
41	10	35	4	22	47	16	175
17	42	11	29	5	23	48	175
49	18	36	12	30	6	24	175
25	43	19	37	13	31	7	175
175	175	175	175	175	175	175	

3e partie : Les carrés magiques réels

Définition

Cette fois ça devient plus sérieux. Nous allons travailler dans l'ensemble des réels où tous les nombres se suivent continûment sans trou, contrairement aux entiers dans lesquels nous avons recherché, jusqu'à présent, les carrés magiques. (Pour illustrer cette différence, si vous prenez une règle, les graduations représentent les entiers (ou éventuellement les décimaux quand on considère les subdivisions) et les réels correspondent à **tous** les points de la règle, sans aucun intervalle entre eux).
Il n'est plus question de parler de somme en ligne et en colonne, car on ne peut pas sommer une quantité infinie de nombres. Donc nous cherchons des structures dont la moyenne en ligne et en colonne sera constante. Cela on sait le faire, ce sont les intégrales.
Nous allons rechercher un carré de taille 1 (il y a un nombre infini de réels entre 0 et 1) dont la moyenne calculée, sur n'importe quelle ligne ou n'importe quelle colonne, sera toujours égale à une constante (pour une autre taille il suffira de multiplier les nombres du carré par cette taille).
Comme auparavant, pour être un carré magique, il faudra que tous les nombres réels de 0 à 1 du carré magiques soient présents une fois et une seule.

Cela revient à chercher une bijection de $[0,1] \times [0,1]$ dans $[0,1]$ (à deux nombres, correspondant aux coordonnées du point on associe un nombre, la valeur du carré en ce point)

1re tentative pour trouver un carré magique réel

Pour cette première tentative on utilise la méthode du cheval déjà vue ci-dessus. Pour cela il faut se reporter à la première méthode décrite précédemment.
Pour passer aux réels, il faut :

calculer la moyenne (la somme des nombres divisée par N)

- normaliser le carré, c'est-à-dire passer à l'intervalle [0,1] (cela revient à diviser tous les nombres par le plus grand nombre du carré : $Max(F_n) = N^2$
- et enfin, faire tendre N vers l'infini

On trouve que la moyenne est égale à ½. $\lim_{N \to \infty} \frac{N(N^2+1)}{2.N.N^2} = \frac{1}{2}$

Nous allons procéder en plusieurs étapes pour définir la fonction f recherchée:

1re étape : F_N fonction de $\mathbb{N}^2 \to \mathbb{N}$ ($\mathbb{N}$ ensemble des entiers) telle que déjà présentée:
$c \in [1,N]$: indice de colonne et $l \in [1,N]$: indice de ligne, de la fonction
$(c,l) \in [1,N]X[1,N] : F_N(c,l) = (c-l+1)(N+1) - Nl + Z_i(N)$
Zone 1 : $c \geq 2l - 1 : Z_1(N) = 0$
Zone 2 : $l < c \leq 2l - 1 : Z_2(N) = N^2$
Zone 3 : $2l - (N+1) < c \leq l : Z_3(N) = N^2+N$
Zone 4 : $c \leq 2l - (N+1) : Z_4(N) = 2N^2+N$
Si N impair ($N = 2P+1$) F_N est un carré magique de taille N (comme déjà vu, voir ci-dessus) :

La somme de F_N en ligne (idem en colonne): $(c,l) \epsilon [1,N]X[1,N] : \sum_{c=1}^{N} F_N(c,l) = N\frac{N^2+1}{2}$

Et la moyenne : $Moyenne(F_N) = \frac{1}{N}\sum_{c=1}^{N} F_N(c,l) = \frac{N^2+1}{2}$

2° étape : f_N fonction réelle en paliers de N^2 marches, telle que :

$(x,y) \in [c - ½ , c + ½] \times [l - ½ , l + ½] : f_N(x,y) = F_N(c,l)$

3° étape : f est la fonction réelle de $[0,1]^2 \rightarrow [0,1]$, recherchée, telle que :

$$(x,y) \in [0,1]^2 : f(x,y) = \lim_{N \to \infty} \frac{f_N(x,y)}{N^2}$$

Comme déjà signalé, on divise par N^2 pour normaliser le carré (taille = 1).

La fonction étant en paliers, l'intégrale se transforme (en partie) en somme.

Moyenne de f_N en ligne (idem en colonne) :

$$\frac{1}{N}\int_0^N f_N dx \quad = \frac{1}{N}\sum_{l=1}^{N}\int_{l-\frac{1}{2}}^{l+\frac{1}{2}} f_N dx \quad = \frac{1}{N}\sum_{l=1}^{N}\int_{l-\frac{1}{2}}^{l+\frac{1}{2}} F_N dx \quad = \frac{1}{N}\sum_{l=1}^{N} F_N \int_{l-\frac{1}{2}}^{l+\frac{1}{2}} dx \quad = \frac{1}{N}\sum_{l=1}^{N} F_N \quad = \frac{(N^2+1)}{2}$$

Moyenne de f en ligne (idem en colonne):

$$\int_0^1 f dx = \int_0^1 \lim_{N \to \infty} \frac{f_N(x,y)}{N^2} dx \quad = \lim_{N \to \infty} \int_0^1 \frac{f_N(x,y)}{N^2} dx \quad = \lim_{N \to \infty} \frac{N^2+1}{2N^2} \quad = \frac{1}{2}$$

$$x \in [0,1] \, ou \, y \in [0,1] : \int_0^1 f(t,y) dt = \int_0^1 f(x,t) dt = \frac{1}{2}$$

Si on applique cette limite à la fonction f_N on trouve la fonction f de $[0,1] \times [0,1]$ dans $[0,1]$

$$f(x,y) = x - 2y + z_i \, avec \, z_i = \lim_{N \to \infty} \frac{Z_i N}{N^2}$$

Zone 1 : $x \geq 2y \Rightarrow z_1 = 0$
Zone 2 : $y < x \leq 2y \Rightarrow z_2 = 1$
Zone 3 : $2y - 1 < x \leq y \Rightarrow z_3 = 1$
Zone 4 : $x \leq 2y - 1 \Rightarrow z_4 = 2$

Intégrale verticale, suivant une colonne (coupe les 4 zones) :

$\int_0^1 f(x,t)dt = \int_0^1 (x - 2t)dt + \int_0^1 z_i\, dt$

$\int_0^1 f(x,t)dt = \int_0^1 (x - 2t)dt + \int_0^{x/2} z_1\, dt + \int_{x/2}^{x} z_2\, dt + \int_x^{(x+1)/2} z_3\, dt + \int_{(x+1)/2}^{1} z_4\, dt$

$\int_0^1 f(x,t)dt = [xt - t^2]_0^1 + [t]_{x/2}^{x} + [t]_x^{(x+1)/2} + [2t]_{(x+1)/2}^{1}$

$\int_0^1 f(x,t)dt = [x - 1] + [1 - x/2] + [1 - (x+1)/2]$

$\int_0^1 f(x,t)dt = ½$

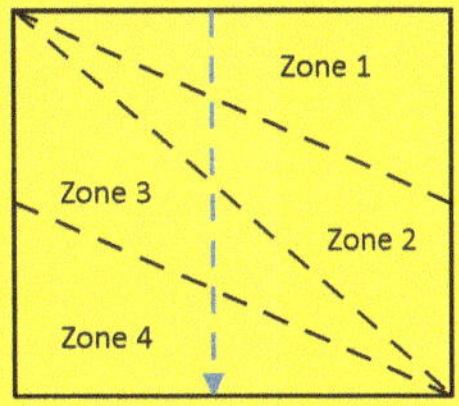

2 Intégrales horizontales suivant une ligne (coupent 3 des 4 zones) :

$\int_0^1 f(t,y)dt = \int_0^1 (t - 2y)dt + \int_0^y z_3\, dt + \int_y^{2y} z_2\, dt + \int_{2y}^1 z_1\, dt$

$\int_0^1 f(t,y)dt = [t^2/2 - 2yt]_0^1 + [t]_0^y + [t]_y^{2y} = [t^2/2 - 2yt]_0^1 + [t]_0^{2y}$

$\int_0^1 f(t,y)dt = [1/2 - 2y] + [2y]$

$\int_0^1 f(t,y)dt = ½$

$\int_0^1 f(t,y)dt = \int_0^1 (t - 2y)dt + \int_0^{2y} z_4\, dt + \int_{2y}^y z_3\, dt + \int_y^1 z_2\, dt$

$\int_0^1 f(t,y)dt = [t^2/2 - 2yt]_0^1 + [2t]_0^{2y-1}\ [t]_{2y-1}^{y} + [t]_y^1$

$\int_0^1 f(t,y)dt = [1/2 - 2y] + [2y - 1] + [1]$

$\int_0^1 f(t,y)dt = ½$

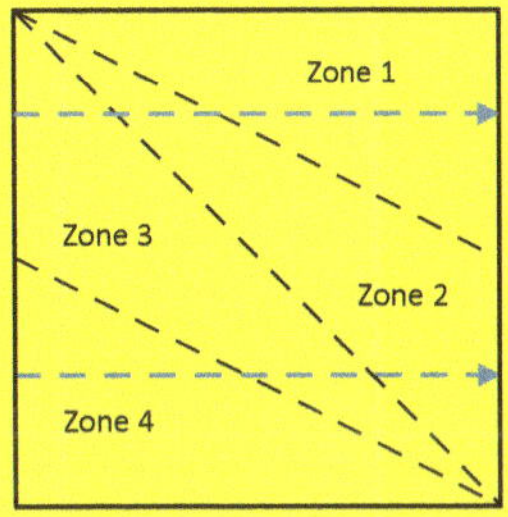

Et cerise sur le gâteau on trouve que la moyenne suivant les 2 diagonales est aussi égale à ½ :

Intégrale diagonale (première diagonale y = x dans la zone 2)

$\int_0^1 f_i(t,t)dt = \int_0^1 (t - 2t)dt + \int_0^1 z_2\, dt$

$\int_0^1 f_i(t,t)dt = [- t^2/2]_0^1 + [t]_0^1$

$\int_0^1 f_i(t,t)dt = [- 1/2] + [1] = ½$

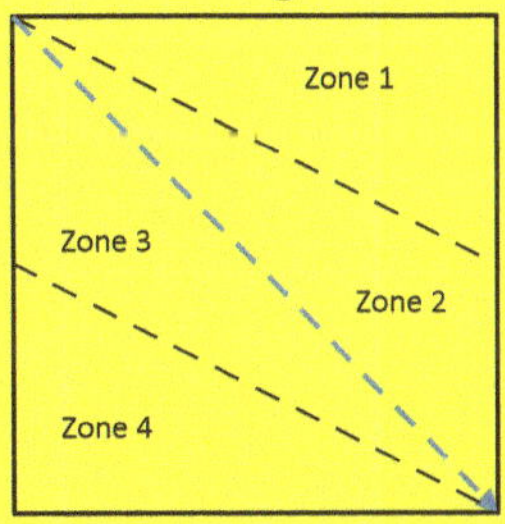

Intégrale diagonale (diagonale : y = 1 – x coupe les 4 zones)

$\int_0^1 f_i(t,1-t)dt = \int_0^1 (t - 2 + 2t)dt + \int_0^{1/3} z_4\, dt + \int_{1/3}^{1/2} z_3\, dt + \int_{1/2}^{2/3} z_2\, dt + \int_{2/3}^{1} z_1\, dt$

$\int_0^1 f_i(t,1-t)dt = [3t^2/2 - 2t]_0^1 + [2t]_0^{1/3} + [t]_{1/3}^{1/2} + [t]_{1/2}^{2/3}$

$\int_0^1 f_i(t,1-t)dt = [3/2 - 2] + [1/3] + [2/3]$

$\int_0^1 f_i(t,1-t)dt = [- 1/2] + [1] = ½$

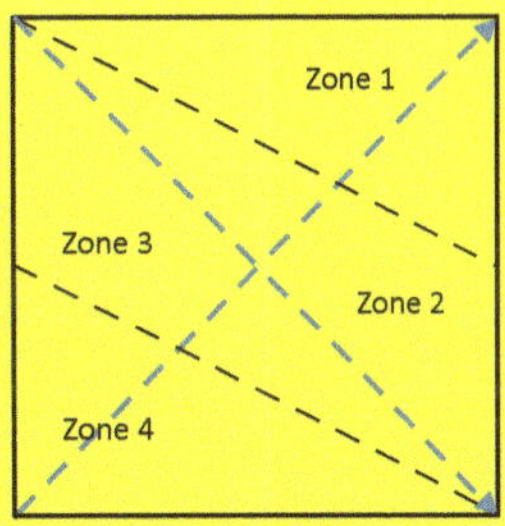

Représentation graphique du carré réel

Il s'agit d'un carré magique au sens de la moyenne en ligne ou en colonne toujours égale à ½. Cette fonction est surjective : tous les réels de l'intervalle [0,1] sont atteints. Mais elle n'est pas injective, car ces mêmes réels sont atteints une infinité de fois (l'intersection de la représentation de la fonction avec un plan parallèle au plan (x,y) est un ensemble de 4 segments).
Ce dernier point dégrade un peu (beaucoup ?) le résultat obtenu.

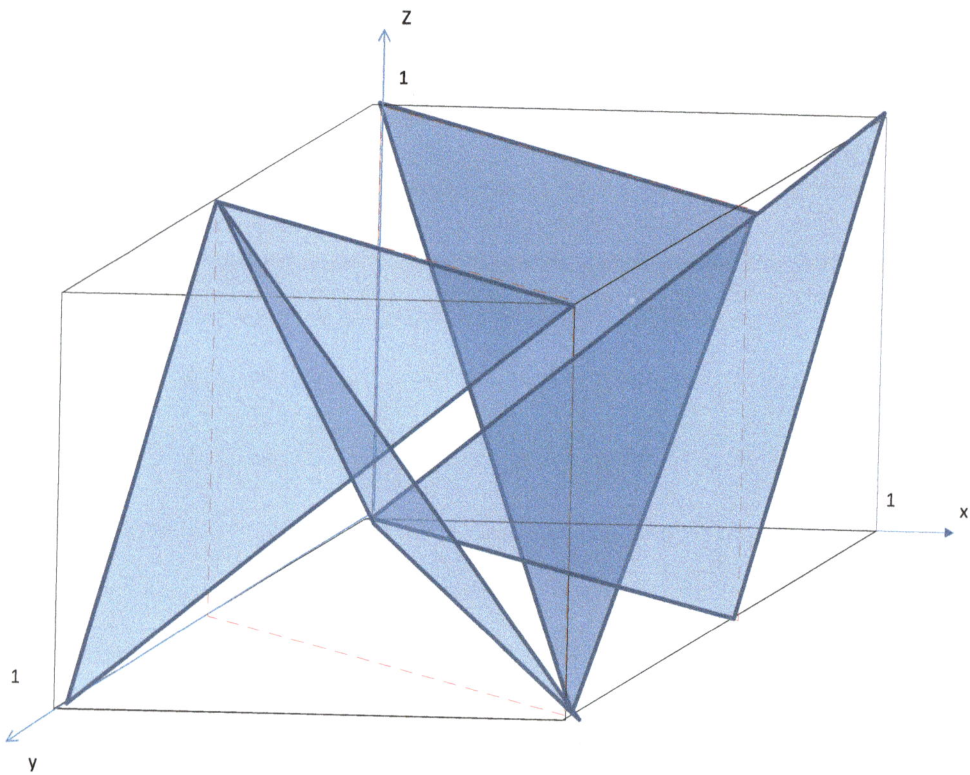

2e tentative pour trouver un carré magique réel : **Les carrés magiques d'Antoine**

Un objectif esthétique

(*Les références mathématiques sont en italiques à titre d'information, normalement ces informations ne sont pas indispensables à la compréhension*).
Il existe des objets dont la seule raison d'être est la beauté.
Parmi ces objets, il y a ceux dont l'esthétique est superficielle, donc visible, et ceux dont la beauté est cachée. Pour la percevoir, il faudra fouiller plus ou moins intensément.

Si les carrés magiques entiers , sur lesquels nous avons travaillés, ont une élégance simple, les carrés magiques réels, que nous allons construire, ont une beauté fractale plus difficile à percevoir mais tellement plus profonde. Pour cela il faudra faire un effort d'imagination, car nous ne pourrons pas exhiber ces objets avec les simples et pauvres supports que sont l'écriture et le dessin. Nous vous donnerons seulement les outils pour vous les représenter. Et quand vous aurez parcouru ce chemin, nous contemplerons ensemble, béatement, ces objets dont la beauté cachée est la seule raison d'être connue à ce jour.

Comme leurs pauvres cousins entiers, si pauvres dans leur finitude, nous parlerons de carrés dans lesquels nous allons associer un réel, compris entre 0 et 1, à chacun des points de leur surface (on ne parle plus de cases) et donc il y a une double infinité de points et donc de nombres (double puisqu'il s'agit d'une surface).
Nous travaillons toujours sur les carrés de taille 1 et donc de surface 1 ($1 \times 1 = 1$).
Le jeu consiste à déposer tous les nombres de 0 à 1 sur la surface du carré 1×1 de façon à ce que leurs moyennes en ligne (horizontalement) comme en colonne (verticalement), sont constantes. Cette fois on ne parle plus de somme (divisée par la longueur pour avoir la moyenne) mais *d'intégrales*.
Tous les nombres, compris entre 0 et 1 donc, devront apparaître au moins une fois (*surjectivité*) et apparaître au plus une fois (*injectivité*). Et, miracle des nombres réels, paradoxe de l'infini, ils rempliront toute la surface du carré : « les points d'une ligne peuvent remplir ceux d'une surface sans laisser le moindre trou ».
Suivons donc Antoine qui est le véritable inventeur de ce bel objet, mon rôle s'étant borné à lui poser la question et à retranscrire sa réponse pour qu'elle soit plus compréhensible.

Préliminaires :

Nous allons donc tenter de construire un carré magique réel à partir de carrés magiques entiers déjà étudiés.

Les bases numériques

En effet nous devrons travailler dans la base de numération égale à la taille du carré. *Ceci pour assurer la surjectivité de la fonction* (tous les nombres sont présents au moins une fois)

Définition (le « . », correspond à la multiplication) : Nous utiliserons donc la décomposition des nombres en base B ($B \geq 2$).
Les bases sont une méthode d'écriture pour représenter les nombres. Il existe autant de méthodes qu'il y a d'entiers naturels (2,3,4, ...). Pour exemples, il y a deux bases que l'on connaît bien. Il y a donc deux décompositions correspondant à ces bases. La plus usuelle, la décomposition décimale ($B = 10$) celle que vous utilisez dans 99 % des cas (100 %?) et la décomposition binaire ($B = 2$), principalement utilisée en informatique par les ordinateurs. 5 (en base 10) s'écrit 101 en base 2 ($1+4= 1.2^0 + 0.2^1+1.2^2$)

Exemple

Dans la base 10 : 115,345 = $1.10^2 + 1.10^1 + 5.10^0 + 3.10^{-1} + 4.10^{-2} + 5.10^{-3}$
ou encore en base 2 : 1001 est égale à $1.2^4+0.2^3+0.2^2+1.2^1$= 18 en base 10

Pour information : Ces représentations s'écrivent : $x=\sum_{i=0}^{n} x_{i,B} B^i$

où « Σ_i » est le symbole d'une somme, « i » l'indice de la sommation, « B » la base de la numération et $x_{i,B}$ la B-ales de x (B-ale est un néologisme, en base 10 on parle de décimale).
Cela se lit : Somme de 0 à N de X indice (i,B) multiplié par B puissance i.

Pour information : cette notation correspond en base B à $x_{i,B} = [x.B^i] \bmod B$, qui se lit partie entière de $x.B^i$ modulo B et qui est le reste de la division de la partie entière $x.B^i$ par B.

Exemple : Pour le nombre 0,345 en base 10 : $x_{2,10}$ (0,345) = 4 (qui est la 2e décimales, celle correspondant à la multiplication par 10^{-2}. Ou la 2e 10-ales suivant la notation adoptée)

Remarque : Unicité de la décomposition

Nous allons devoir surmonter une petite difficulté, car ces décompositions ne sont pas uniques. En effet tout nombre se terminant par une infinité de 0, *nous appellerons ces nombres les B-aux (les décimaux en base 10), est égal à celui obtenu en partant de ce nombre et en soustrayant 1 à la dernière B-ale non nulle et en la faisant suivre d'une infinité de « B-1 ».*

Exemple en base 10 : 0, 3400000… = 0,3399999… (d'une part une infinité de « 0 » et de l'autre une infinité de « 9 »).

Pour contourner cet écueil, il faudra faire un choix entre ces deux représentations, *par exemple en excluant les nombres dont toutes les dernières B-ales sont égales à B-1. (9 en base 10, décimale)*
Cependant cette précaution, nécessaire pour assurer l'unicité des chiffres (*injectivité*) ne sera pas suffisante, car cette suppression est trop grossière et nous devrons y revenir ultérieurement.
Il faut bien voir que ce qui peut sembler être un « bricolage » n'en est pas un, il s'agit d'éliminer un défaut de la représentation des nombres, qui associe au même nombre, 2 représentations différentes.
La suppression de cette infinité de nombres n'a pas d'influence sur le calcul de la moyenne car bien qu'en nombre infini, les nombres « X-aux » (décimaux en base 10) n'en sont pas moins dénombrables. C'est-à-dire qu'on peut les compter (*il existe une bijection entre cet ensemble et l'ensemble des nombres entiers*), ce qui n'est pas le cas des nombres réels (on ne peut pas compter l'infinité des nombres réels : essayer de compter les points d'une règle ?).

Les carrés réels finis

Propriété : Constance de la somme *(de l'intégrale)* des lignes et des colonnes
Comme nous l'avons vu précédemment au cours de la première tentative pour construire des carrés magiques réels, si f est une fonction qui représente un carré magique entier sur l'intervalle [0,N-1] :

$\sum_{c=1}^{N} f(c,l)=\frac{N(N^2-1)}{2}$ (dans l'intervalle [0,N-1]et non $\frac{N(N^2+1)}{2}$ quand nous étions dans l'intervalle [1,N])

Comme précédemment « c » est l'indice de la colonne, « l » celui de la ligne, Σ_c la somme en colonne et Σ_l la somme en ligne des cases du carré.

Propriété : en prenant k carrés magiques entiers on construit un carré comme suit.
Commençons doucement par des carrés finis qui ont déjà la propriété de constance des sommes (donc de la moyenne) en lignes et en colonnes. À chaque étape, nous ajouterons toujours plus de B-ales (*décimales en base 10*) et ainsi nous remplirons le carré progressivement, en tendant à terme vers l'infini, pour en faire un véritable carré magique réel entièrement rempli. À chaque étape nous utiliserons tous les nombres X-aux disponibles à cette étape.

Exemple : en base 2 , la première étape comprend les nombres : (0, 1). À l'étape suivante ce sera (00, 01, 10, 11), à l'étape suivante (000,001,010,011,100, 101,110,111) et ainsi de suite. Les nombres seront tous présents et présents une seule fois.
Appelons le carré construit $C_k(f_0,f_1...f_k)$ où $f_0,f_1...f_k$ sont les k fonctions représentant k carrés magiques entiers.
À chaque étape le carré C_k est obtenu en faisant une opération ressemblant à la multiplication de 2 carrés magiques entiers (déjà vue). Mais ce n'est pas la multiplication car, au lieu d'ajouter des nombres entiers, chaque carré magique de l'étape suivante, donnera les « B-ales » correspondant au rang suivant. Ainsi f_0 donne les premières B-ales des premiers sous-carrés, f_1 donne les secondes « B-ales » des sous-sous-carrés et ainsi de suite jusqu'à k.

Pour information

$$C_k(f_0,f_1,f_2,\ldots,f_k)(c,l)=\sum_{i=0}^{k-1} B^{-2i} f_i(c_{i,B},l_{i,B})$$

Avec les notations $c_{i,B}$ et $l_{i,B}$ les indices de lignes et de colonnes telles que définies précédemment et où B est la base correspondant à la dimension du carré f_i.

Remarques :

1 – Il faudra donc que tous les carrés magiques f_i aient la même taille égale à la base B.

2 – Il est évident que les f_i peuvent être égaux ou différents. »

Exemple : avec 2 carrés magiques simples (de 0 à 8 car 9 étant la taille du carré, nous sommes en base 9) :

f_0

1	8	3	12
6	4	2	12
5	0	7	12
12	12	12	

f_1

3	2	7	12
8	4	0	12
1	6	5	12
12	12	12	

0,13	0,83	0,33	0,12	0,82	0,32	0,17	0,87	0,37	0,44
0,63	0,43	0,23	0,62	0,42	0,22	0,67	0,47	0,27	0,44
0,53	0,03	0,73	0,52	0,02	0,72	0,57	0,07	0,77	0,44
0,18	0,88	0,38	0,14	0,84	0,34	0,1	0,8	0,3	0,44
0,68	0,48	0,28	0,64	0,44	0,24	0,6	0,4	0,2	0,44
0,58	0,08	0,78	0,54	0,04	0,74	0,5	0	0,7	0,44
0,11	0,81	0,31	0,16	0,86	0,36	0,15	0,85	0,35	0,44
0,61	0,41	0,21	0,66	0,46	0,26	0,65	0,45	0,25	0,44
0,51	0,01	0,71	0,56	0,06	0,76	0,55	0,05	0,75	0,44
0,44	0,44	0,44	0,44	0,44	0,44	0,44	0,44	0,44	

Pour des raisons évidentes de facilité de représentation, nous avons pris l'exemple simple de carrés magiques 3 X 3, c'est-à dire que nous travaillons en base 9.

À l’étape suivante, nous prendrons un troisième carré magique f_3 entier 3 X 3 qui donnera les 9-ales suivantes dans chaque case d’un carré de 27 X 27 cases (30 X 30 en base 9).

La quatrième étape donnera un carré de 81 X 81 cases (100 X 100 en base 9) et ainsi de suite jusqu’à l’infini (est-ce bien raisonnable ?)

1	8	3	12
6	4	2	12
5	0	7	12
12	12	12	

0,13	0,83	0,33	0,12	0,82	0,32	0,17	0,87	0,37	0,44
0,63	0,43	0,23	0,62	0,42	0,22	0,67	0,47	0,27	0,44
0,53	0,03	0,73	0,52	0,02	0,72	0,57	0,07	0,77	0,44
0,18	0,88	0,38	0,14	0,84	0,34	0,1	0,8	0,3	0,44
0,68	0,48	0,28	0,64	0,44	0,24	0,6	0,4	0,2	0,44
0,58	0,08	0,78	0,54	0,04	0,74	0,5	0	0,7	0,44
0,11	0,81	0,31	0,16	0,86	0,36	0,15	0,85	0,35	0,44
0,61	0,41	0,21	0,66	0,46	0,26	0,65	0,45	0,25	0,44
0,51	0,01	0,71	0,56	0,06	0,76	0,55	0,05	0,75	0,44
0,44	0,44	0,44	0,44	0,44	0,44	0,44	0,44	0,44	

0,131	0,831	0,331	0,121	0,821	0,321	0,171	0,871	0,371	0,138	0,838	0,338	0,128	0,828	0,328	0,178	0,878	0,378	0,133	0,833	0,333	0,123	0,823	0,323	0,173	0,873	0,3
0,631	0,431	0,231	0,621	0,421	0,221	0,671	0,471	0,271	0,638	0,438	0,238	0,628	0,428	0,228	0,678	0,478	0,278	0,633	0,433	0,233	0,623	0,423	0,223	0,673	0,473	0,
0,531	0,031	0,731	0,521	0,021	0,721	0,571	0,071	0,771	0,538	0,038	0,738	0,528	0,028	0,728	0,578	0,078	0,778	0,533	0,033	0,733	0,523	0,023	0,723	0,573	0,073	0,
0,181	0,881	0,381	0,141	0,841	0,341	0,101	0,801	0,301	0,188	0,888	0,388	0,148	0,848	0,348	0,108	0,808	0,308	0,183	0,883	0,383	0,143	0,843	0,343	0,103	0,803	0,
0,681	0,481	0,281	0,641	0,441	0,241	0,601	0,401	0,201	0,688	0,488	0,288	0,648	0,448	0,248	0,608	0,408	0,208	0,683	0,483	0,283	0,643	0,443	0,243	0,603	0,403	0,
0,581	0,081	0,781	0,541	0,041	0,741	0,501	0,001	0,701	0,588	0,088	0,788	0,548	0,048	0,748	0,508	0,008	0,708	0,583	0,083	0,783	0,543	0,043	0,743	0,503	0,003	0,
0,111	0,811	0,311	0,161	0,861	0,361	0,151	0,851	0,351	0,118	0,818	0,318	0,168	0,868	0,368	0,158	0,858	0,358	0,113	0,813	0,313	0,163	0,863	0,363	0,153	0,853	0,
0,611	0,411	0,211	0,661	0,461	0,261	0,651	0,451	0,251	0,618	0,418	0,218	0,668	0,468	0,268	0,658	0,458	0,258	0,613	0,413	0,213	0,663	0,463	0,263	0,653	0,453	0,
0,511	0,011	0,711	0,561	0,061	0,761	0,551	0,051	0,751	0,518	0,018	0,718	0,568	0,068	0,768	0,558	0,058	0,758	0,513	0,013	0,713	0,563	0,063	0,763	0,553	0,053	0,
0,136	0,836	0,336	0,126	0,826	0,326	0,176	0,876	0,376	0,134	0,834	0,334	0,124	0,824	0,324	0,174	0,874	0,374	0,132	0,832	0,332	0,122	0,822	0,322	0,172	0,872	0,3
0,636	0,436	0,236	0,626	0,426	0,226	0,676	0,476	0,276	0,634	0,434	0,234	0,624	0,424	0,224	0,674	0,474	0,274	0,632	0,432	0,232	0,622	0,422	0,222	0,672	0,472	0,2
0,536	0,036	0,736	0,526	0,026	0,726	0,576	0,076	0,776	0,534	0,034	0,734	0,524	0,024	0,724	0,574	0,074	0,774	0,532	0,032	0,732	0,522	0,022	0,722	0,572	0,072	0,7
0,186	0,886	0,386	0,146	0,846	0,346	0,106	0,806	0,306	0,184	0,884	0,384	0,144	0,844	0,344	0,104	0,804	0,304	0,182	0,882	0,382	0,142	0,842	0,342	0,102	0,802	0,3
0,686	0,486	0,286	0,646	0,446	0,246	0,606	0,406	0,206	0,684	0,484	0,284	0,644	0,444	0,244	0,604	0,404	0,204	0,682	0,482	0,282	0,642	0,442	0,242	0,602	0,402	0,2
0,586	0,086	0,786	0,546	0,046	0,746	0,506	0,006	0,706	0,584	0,084	0,784	0,544	0,044	0,744	0,504	0,004	0,704	0,582	0,082	0,782	0,542	0,042	0,742	0,502	0,002	0,7
0,116	0,816	0,316	0,166	0,866	0,366	0,156	0,856	0,356	0,114	0,814	0,314	0,164	0,864	0,364	0,154	0,854	0,354	0,112	0,812	0,312	0,162	0,862	0,362	0,152	0,852	0,3
0,616	0,416	0,216	0,666	0,466	0,266	0,656	0,456	0,256	0,614	0,414	0,214	0,664	0,464	0,264	0,654	0,454	0,254	0,612	0,412	0,212	0,662	0,462	0,262	0,652	0,452	0,2
0,516	0,016	0,716	0,566	0,066	0,766	0,556	0,056	0,756	0,514	0,014	0,714	0,564	0,064	0,764	0,554	0,054	0,754	0,512	0,012	0,712	0,562	0,062	0,762	0,552	0,052	0,7
0,135	0,835	0,335	0,125	0,825	0,325	0,175	0,875	0,375	0,13	0,83	0,33	0,12	0,82	0,32	0,17	0,87	0,37	0,137	0,837	0,337	0,127	0,827	0,327	0,177	0,877	0,3
0,635	0,435	0,235	0,625	0,425	0,225	0,675	0,475	0,275	0,63	0,43	0,23	0,62	0,42	0,22	0,67	0,47	0,27	0,637	0,437	0,237	0,627	0,427	0,227	0,677	0,477	0,2
0,535	0,035	0,735	0,525	0,025	0,725	0,575	0,075	0,775	0,53	0,03	0,73	0,52	0,02	0,72	0,57	0,07	0,77	0,537	0,037	0,737	0,527	0,027	0,727	0,577	0,077	0,7
0,185	0,885	0,385	0,145	0,845	0,345	0,105	0,805	0,305	0,18	0,88	0,38	0,14	0,84	0,34	0,1	0,8	0,3	0,187	0,887	0,387	0,147	0,847	0,347	0,107	0,807	0,3
0,685	0,485	0,285	0,645	0,445	0,245	0,605	0,405	0,205	0,68	0,48	0,28	0,64	0,44	0,24	0,6	0,4	0,2	0,687	0,487	0,287	0,647	0,447	0,247	0,607	0,407	0,2
0,585	0,085	0,785	0,545	0,045	0,745	0,505	0,005	0,705	0,58	0,08	0,78	0,54	0,04	0,74	0,5	0	0,7	0,587	0,087	0,787	0,547	0,047	0,747	0,507	0,007	0,7
0,115	0,815	0,315	0,165	0,865	0,365	0,155	0,855	0,355	0,11	0,81	0,31	0,16	0,86	0,36	0,15	0,85	0,35	0,117	0,817	0,317	0,167	0,867	0,367	0,157	0,857	0,3
0,615	0,415	0,215	0,665	0,465	0,265	0,655	0,455	0,255	0,61	0,41	0,21	0,66	0,46	0,26	0,65	0,45	0,25	0,617	0,417	0,217	0,667	0,467	0,267	0,657	0,457	0,2
0,515	0,015	0,715	0,565	0,065	0,765	0,555	0,055	0,755	0,51	0,01	0,71	0,56	0,06	0,76	0,55	0,05	0,75	0,517	0,017	0,717	0,567	0,067	0,767	0,557	0,057	0,7
0,444	0,444	0,444	0,444	0,444	0,444	0,444	0,444	0,444	0,444	0,444	0,444	0,444	0,444	0,444	0,444	0,444	0,444	0,444	0,444	0,444	0,444	0,444	0,444	0,444	0,444	0,4

À chaque étape, la propriété de constance, des moyennes en ligne et en colonne, est préservée. Nous voyons aussi que les cases sont de plus en plus nombreuses et qu'aucun nombre n'est oublié ni répété à l'étape k, tous les nombres B-aux ayant k B-ales sont présents une fois et une seule.
Les cases sont de plus en plus nombreuses, mais nous préférons dire qu'elles sont de plus en plus petites, car les nombres, toujours compris entre 0 et 1, ne sont pas (beaucoup) plus grands, ils ont simplement de plus en plus de B-ales. On pourrait illustrer cela en disant que les cases tendent vers les points du carré et que les nombres deviennent de plus en plus « précis ».
Lorsqu'on tend vers l'infini, la moyenne, constante à chaque étape, le reste. On peut « s'arranger », comme nous l'avons évoqué plus haut, pour que tous les nombres réels compris entre 0 et 1 soient présents une fois et une seule.

Vers quoi tend la moyenne constante : 0,444444… ?

Il s'agit de la somme infinie des termes d'une suite géométrique de raison q=1/9 puisqu'on est en base 9. On sait que cette somme, en base décimale, est :

$$S_n=\frac{4}{9}\sum_{i=1}^{n} 1+q+q^2+q^3+\ldots+q^{i-1}=\frac{4}{9}\frac{1-q^n}{1-q}$$

$$\lim_{n\to\infty} S_n=\frac{4}{9(1-q)}\lim_{n\to\infty} 1-q^n=\frac{4}{9(1-\frac{1}{9})}(1-\lim_{n\to\infty}(\frac{1}{9})^n)=\frac{4}{8}=\frac{1}{2}$$

<u>Pour information</u> : Pour assurer qu'ils soient présents au moins une fois, il faut revoir un peu, comme nous l'avions annoncé, l'ensemble des nombres sur lesquels sont définis nos carrés. Nous voyons avec l'exemple des carrés magiques 3 X 3 qu'à la deuxième étape il y a les nombres 0,88 puis 0,888 à la 3e étape et donc le nombre 0,8888… sera toujours quelque part, or comme nous l'avions vu 1,000… = 0,888… (Attention nous sommes en base 9). De même pour 0,3888… = 0,40000… ou encore 0,123888… = 0,124000… Bref, en excluant tous les nombres 9-aux, nous avons été trop radicaux. Il va falloir réintroduire l'ensemble de tous les 9-aux qui sont présents dans le carré magique réel, en retirant ceux qu'ils leur sont égaux et qui ne se terminent par que par des 0. Nous ne chercherons pas à savoir dans le détail ceux qui sont concernés par ce 2e « ajustement », ne constaterons seulement qu'ils sont « dénombrables » et donc qu'ils n'ont pas d'influence sur la valeur de l'intégrale (*au sens de Lebesgue*). Pour l'illustration de ce bricolage voir annexe II. Attention il ne s'agit pas de supprimer toute la suite de ces nombres mais seulement celui qui, tout au bout, se termine par une infinité, non interrompue, de zéros. Vous admettrez donc que cette suppression est limitée.

Conclusion

Nous voilà au bout du chemin. Un dernier effort sera de poursuivre par l'imagination les étapes de la construction jusqu'à l'infini. Juste une paille, n'est-ce pas ?
Imaginez ce carré de taille 1X1, rempli de tous les nombres compris entre 0 et 1, uniques et sans répétition, dont toutes les moyennes en ligne et en colonnes sont constantes. Dans ce carré vous pourrez, à loisir, saisir délicatement une fine ligne ou colonne, infiniment fine, l'intervertir avec une autre ligne ou colonne et répéter l'opération autant de fois que cela vous plaira, sans que cela ne change la valeur des sommes en ligne et en colonne.

4e partie : Les Figures Magiques

Définition d'une figure magique

En généralisant la notion de carré magique on a déjà trouvé les rectangles magiques. Il est possible de pousser plus loin la généralisation pour obtenir des figures magiques.

Une figure magique est un ensemble fini de cases dont les sommes en ligne et en colonne sont proportionnelles à leur nombre de cases. Pour la présentation de ces figures il sera plus esthétique que les cases soient reliées entre elles, sans que ce soit une obligation.
Prenons un exemple, le cas plus simple qui soit : les figures magiques de 7 cases.

7	1		8
3	5	4	12
2	6		8
12	12	4	

4 pour 1 case, 8 pour 2 cases et 12 pour 3 cases.
Comme nous l'avons vu pour les carrés magiques, il est possible de permuter les lignes et les colonnes, dans l'ordre que l'on veut et autant de fois que l'on veut. On constitue ainsi des familles de figures magiques.
Pour l'exemple des figures de rang 7 cela donne :

8	7	1	
12	3	5	4
8	2	6	
	12	12	4

8	7		1
12	3	4	5
8	2		6
	12	4	12

8	2		6
8	7		1
12	3	4	5
	12	4	12

8	2	6	
8	7	1	
12	3	5	4
	12	12	4

Cette famille est complétée par des figures obtenues par des rotations ou des symétries.
On remarque que lorsqu'une case est isolée – ce qui n'est possible que dans le cas impair – celle-ci ne pourra contenir que le nombre correspondant à la somme de 1 case isolée (dans l'exemple : 4) et par conséquent il ne pourra pas y avoir, dans une figure magique, plus d'une case isolée.
La caractéristique de ces figures est donc le nombre de cases. Nous appellerons cette caractéristique le « rang » de la figure (pour ne pas confondre avec la taille ou la dimension. Autant d'appellations déjà utilisées précédemment pour les rectangles et les carrés magiques).
Pour une ligne (une colonne) de L cases (C cases), la proportionnalité est assurée, si la somme est égale à L.(N+1)/2 (ou C.(N+1)/2 pour les colonnes). N étant le rang, on obtient la somme de tous les nombres de la figure : N.(N+1)/2. Donc à partir de cette somme on obtient les différentes sommes proportionnelles en divisant par N et en multipliant par L (C pour les colonnes)

La figure en exemple, comprenant 7 cases, la somme de l'ensemble de ses nombres est 7.(7+1)/2 = 28
Donc nous obtenons les sommes que l'on doit trouver dans les lignes et les colonnes :

rang de la figure	7	Somme	28
Nombre de cases		sommes	
1		4	
2		8	
3		12	
4		16	
5		20	
6		24	
7		28	

Il vient tout de suite une remarque : Si N est impair il existe une somme entière pour toutes les tailles de ligne (ou de colonne) car N+1 est pair.
À contrario si N est pair seules les lignes (ou les colonnes) de taille paire correspondent à une somme entière.
Prenons pour exemple une figure de rang 8. Les sommes en ligne (ou en colonne) sont :

rang de la figure	8	Somme	28
Nombre de cases		sommes	
1		9/2	
2		9	
3		27/2	
4		18	

Cela impose une géométrie contrainte des figures magiques de rang paire. En pratique le premier rang possible pour les figures magiques paires est 12.
Essayez d'assembler un nombre pair de cases, inférieur à 12, en constituant à la fois des lignes et des colonnes comportant un nombre pair de cases. La première solution est 8. Il y a bien un rectangle magique de 2X4 (voir dans la première partie : les rectangles magiques). Mais il n'existe que 4 solutions pour obtenir la somme 9 avec 2 cases. Ces 4 solutions sont utilisées pour remplir les 4 colonnes et il n'en reste plus de disponibles pour détacher 2 cases d'une ligne.

Prenons donc pour exemple le premier rang possible 12 :

rang de la figure	12	Somme	78
Nombre de cases		sommes	
1		13/2	
2		13	
3		39/2	
4		26	

On obtient par exemple, la figure suivante :

	1	12		13
8	9	7	2	26
5	6	4	11	26
	10	3		13
13	26	26	13	

Il y a 2 lignes (colonnes) de 2 cases et 2 lignes (colonnes) de 4 cases. Ou encore pour la famille de rang 12 :

12			1	13
7	2	8	9	26
4	11	5	6	26
3			10	13
26	13	13	26	

4	11	5	6	26
3			10	13
12			1	13
7	2	8	9	26
26	13	13	26	

10	3			13
1	12			13
9	7	2	8	26
6	4	11	5	26
26	26	13	13	

	10	3		13
	1	12		13
8	9	7	2	26
5	6	4	11	26
13	26	26	13	

3			10	13
12			1	13
7	2	8	9	26
4	11	5	6	26
26	13	13	26	

7	2	8	9	26
12			1	13
4	11	5	6	26
3			10	13
26	13	13	26	

9	7	2	8	26
1	12			13
6	4	11	5	26
10	3			13
26	26	13	13	

8	9	7	2	26
	1	12		13
5	6	4	11	26
	10	3		13
13	26	26	13	

9	8	7	2	26
1		12		13
6	5	4	11	26
10		3		13
26	13	26	13	

	1	12		13
8	9	7	2	26
5	6	4	11	26
	10	3		13
13	26	26	13	

Addition de figures magiques

À la vue de ces figures on pense immédiatement à les assembler pour constituer de napperons magiques. Voilà un exemple de napperon de rang 48 fabriqué à partir d'une figure magique de la famille de rang 12.

+0	4 mod 0
+12	4 mod 1
+24	4 mod 2
+36	4 mod 3

21	8	43	26	14	31	44	9	196
13		36			48		1	98
30	17	4	47	35	40	5	18	196
34		15			27		22	98
10		39			3		46	98
6	41	28	23	11	16	29	42	196
37		12			24		25	98
45	32	19	2	38	7	20	33	196
196	98	196	98	98	196	98	196	

Je vous laisse trouver la méthode utilisée pour fabriquer ce napperon. On peut continuer à loisir pour obtenir d'autres napperons :

	196	196	98	98	98	98	196	196
196	4	8	47	37	24	14	33	29
196	41	45	2	12	25	35	20	16
98	43	6					18	31
98	10	39					27	22
98	34	15					3	46
98	19	30					42	7
196	17	21	26	36	1	11	44	40
196	28	32	23	13	48	38	9	5

	98	98	196	196	196	196	98	98
196	24	14	33	29	4	8	47	37
196	25	35	20	16	41	45	2	12
98			18	31	43	6		
98			27	22	10	39		
98			3	46	34	15		
98			42	7	19	30		
196	1	11	44	40	17	21	26	36
196	48	38	9	5	28	32	23	13

	196	98	98	196	196	98	98	196
196	33	24	14	29	4	47	37	8
98	18			31	43			6
98	27			22	10			39
196	20	25	35	16	41	2	12	45
196	44	1	11	40	17	26	36	21
98	3			46	34			15
98	42			7	19			30
196	9	48	38	5	28	23	13	32

	196	196	196	196	98	98	98	98
98	18	31	43	6				
98	27	22	10	39				
98	3	46	34	15				
98	42	7	19	30				
196	44	40	17	21	26	36	1	11
196	9	5	28	32	23	13	48	38
196	33	29	4	8	47	37	24	14
196	20	16	41	45	2	12	25	35

En utilisant cette technique, on peut bien sûr constituer des rectangles magiques qui sont des cas particuliers des figures magiques. Ce sont des napperons sans trou :

75	75	75	75	
8	21	19	2	50
17	6	4	23	50
3	10	15	22	50
24	13	12	1	50
7	14	20	9	50
16	11	5	18	50

147	147	147	147	147	147	147	147	
8	45	43	2	32	21	19	26	196
41	6	4	47	17	30	28	23	196
27	10	39	22	3	34	15	46	196
24	37	12	25	48	13	36	1	196
31	14	20	33	7	38	44	9	196
16	35	29	18	40	11	5	42	196

Au passage, nous avons trouvé une autre méthode (la quatrième) pour construire des rectangles magiques que l'on pourrait appeler l'addition d'un rectangle avec lui-même. Prenons le carré magique de taille 4 (c'est aussi un rectangle) :

	34	34	34	34
34	1	16	6	11
34	7	10	4	13
34	12	5	15	2
34	14	3	9	8

Nous le juxtaposons avec lui-même et ajoutons 16 aux nombres impairs du premier carré et 16 aux nombres pairs du 2e carré. Cela donne le rectangle magique 4X8 :

	66	66	66	66	66	66	66	66
132	17	16	6	27	1	32	22	11
132	23	10	4	29	7	26	20	13
132	12	21	31	2	28	5	15	18
132	14	19	25	8	30	3	9	24

On peut renouveler l'opération horizontalement pour obtenir un rectangle magique 4X16, en ajoutant cette fois-ci 24, en suivant la même règle que précédemment :

	130	130	130	130	130	130	130	130	130	130	130	130	130	130	130	130
520	49	16	6	59	33	32	22	43	17	48	38	27	1	64	54	11
520	55	10	4	61	39	26	20	45	23	42	36	29	7	58	52	13
520	12	53	63	2	28	37	47	18	44	21	31	34	60	5	15	50
520	14	51	57	8	30	35	41	24	46	19	25	40	62	3	9	56

Ou verticalement pour obtenir un carré magique 8X8 :

	260	260	260	260	260	260	260	260
260	49	16	6	59	33	32	22	43
260	55	10	4	61	39	26	20	45
260	12	53	63	2	28	37	47	18
260	14	51	57	8	30	35	41	24
260	17	48	38	27	1	64	54	11
260	23	42	36	29	7	58	52	13
260	44	21	31	34	60	5	15	50
260	46	19	25	40	62	3	9	56

Pour les rectangles de rang impair N (ce sont aussi des figures), il faudra ajouter au moins 3 rectangles pour conserver un nombre impair de colonnes et de lignes. Si on ajoute 3 rectangles, il faudra ajouter 0 aux nombres du 1er rectangle divisible par 3, N aux nombres du 2e rectangle dont le reste par division par 3 est 1 et 2N aux nombres du 3e rectangle dont le reste de la division par 3 est 2 (À chaque fois le but est d'avoir tous les nombres de 1 à 3N une fois et une seule).

Prenons l'exemple du carré magique 3X3 :

	15	15	15
15	2	7	6
15	9	5	1
15	4	3	8

Cela donne :

3 mod 0	0
3 mod 1	27
3 mod 2	54

	42	42	42	42	42	42	42	42	42
126	11	25	6	20	7	15	2	16	24
126	9	14	19	18	23	1	27	5	10
126	22	3	17	4	12	26	13	21	8

Opération que l'on peut renouveler à l'infini, horizontalement en frise :

	123	123	123	123	123	123	123	123	123	123	123	123	123	123	123	123	123	123	123	123	123	123	123	123	123	123	123
1107	65	52	6	74	34	15	56	43	24	11	79	33	20	61	42	2	70	51	38	25	60	47	7	69	29	16	78
1107	9	68	46	18	77	28	27	59	37	36	14	73	45	23	55	54	5	64	63	41	19	72	50	1	81	32	10
1107	49	3	71	31	12	80	40	21	62	76	30	17	58	39	26	67	48	8	22	57	44	4	66	53	13	75	35

3mod0	+0
3mod1	+27
3mod2	+54

3mod0	+27
3mod1	+54
3mod2	+0

3mod0	+54
3mod1	+0
3mod2	+27

Ou verticalement en carré :

	369	369	369	369	369	369	369	369	369		
369	65	52	6	74	34	15	56	43	24	3mod0	+0
369	9	68	46	18	77	28	27	59	37	3mod1	+27
369	49	3	71	31	12	80	40	21	62	3mod2	+54
369	11	79	33	20	61	42	2	70	51	3mod0	+27
369	36	14	73	45	23	55	54	5	64	3mod1	+54
369	76	30	17	58	39	26	67	48	8	3mod2	+0
369	38	25	60	47	7	69	29	16	78	3mod0	+54
369	63	41	19	72	50	1	81	32	10	3mod1	+0
369	22	57	44	4	66	53	13	75	35	3mod2	+27

Cette opération est applicable aux figures magiques. Par exemple, une figure de rang 16 :

	34	34	34	34
17	1	16		
34	7	10	6	11
17			4	13
17			15	2
34	12	5	9	8
17	14	3		

On obtient une figure magique suivante (pour l'esthétique la figure juxtaposée est obtenue par symétrie de la figure) :

	66	66	66	66	66	66	66	66
66	17	16					32	1
132	23	10	6	27	11	22	26	7
66			4	29	13	20		
66			31	2	18	15		
132	12	21	25	8	24	9	5	28
66	14	19					3	30

Elle-même développable en frise magique :

	130	130	130	130	130	130	130	130	130	130	130	130	130	130	130	130
260	49	16					32	33	17	48					64	1
520	55	10	6	59	43	22	26	39	23	42	38	27	11	54	58	7
260			4	61	45	20					36	29	13	52		
260			63	2	18	47					31	34	50	15		
520	12	53	57	8	24	41	37	28	44	21	25	40	56	9	5	60
260	14	51					35	30	46	19					3	62

Ou en napperon magique :

	260	260	260	260	260	260	260	260
130	49	16					32	33
260	55	10	6	59	43	22	26	39
130			4	61	45	20		
130			63	2	18	47		
260	12	53	57	8	24	41	37	28
130	14	51					35	30
130	17	48					64	1
260	23	42	38	27	11	54	58	7
130			36	29	13	52		
130			31	34	50	15		
260	44	21	25	40	56	9	5	60
130	46	19					3	62

Les figures magiques réelles

Et en suivant le même algorithme que pour les carrés magiques on peut obtenir de figures magiques réelles. Pour exemple, la figure magique de rang 9 :

2	7	6
9		1
4	3	8
	5	

Comme précédemment on part de 0 jusqu'à N-1 pour une figure de rang N et on compte en base N (ici base 9) :

1	6	5
8		0
3	2	7
	4	

Ce qui donne à la 1re itération (cette fois on fait la moyenne en ligne et en colonne et non la somme) :

	0,4	0,4	0,4
0,4	0,1	0,6	0,5
0,4	0,8		0,0
0,4	0,3	0,2	0,7
0,4		0,4	

Et à la 2e itération :

	0,44	0,44	0,44	0,44	0,44	0,44	0,44	0,44	0,44
0,44	0,11	0,16	0,15	0,61	0,66	0,65	0,51	0,56	0,55
0,44	0,18		0,10	0,68		0,60	0,58		0,50
0,44	0,13	0,12	0,17	0,63	0,62	0,67	0,53	0,52	0,57
0,44		0,14			0,64			0,54	
0,44	0,81	0,86	0,85				0,01	0,06	0,05
0,44	0,88		0,80				0,08		0,00
0,44	0,83	0,82	0,87				0,03	0,02	0,07
0,44		0,84						0,04	
0,44	0,31	0,36	0,35	0,21	0,26	0,25	0,71	0,76	0,75
0,44	0,38		0,30	0,28		0,20	0,78		0,70
0,44	0,33	0,32	0,37	0,23	0,22	0,27	0,73	0,72	0,77
0,44		0,34			0,24			0,74	
0,44				0,41	0,46	0,45			
0,44				0,48		0,40			
0,44				0,43	0,42	0,47			
0,44					0,44				

La 3e itération définira la 9-ale suivante. On obtient un fractal magique (rappel : cette fois on ne fait plus la somme des colonnes et des lignes mais la moyenne et les cases non occupées n'interviennent pas dans ce calcul)

Moyenne du fractal magique

Ce qui est intéressant, dans l'exemple ci-dessus, est que, quelle que soit l'itération, il y a toujours une case isolée, ici la case la plus basse qui est égale à 0,44 (marquée en orange). La moyenne étant constante elle donc égale à la valeur de cette case. À l'itération k il y aura k décimales toutes égales à 4 (0,4444... 4)

Donc la moyenne du fractal sera :

$$M=\lim_{k\to\infty}\sum_{i=1}^{k}4\left(\frac{1}{10}\right)^{i}$$

Ceci est la somme d'une suite géométrique de raison 1/10. Donc : M = ½ (attention on compte en base 9 et non 10. Voir ci-dessous).

Voyons le cas général :
« B » est la valeur de la base dans laquelle est représentée la suite des figures magiques réelles impaires (c'est aussi le rang de la figure à la base de la définition du fractal).
« C » est la valeur d'une case isolée d'une figure impaire de rang B.

$$C=\frac{(B-1)B}{2B}=\frac{B-1}{2}$$ (Rappel : on prend tous les nombres de 0 à B – 1 et non de 1 à B)

$$M_n=C\sum_{i=1}^{n}B^{-i}=B^{-1}C\sum_{i=0}^{n}B^{-i}=B^{-1}C\frac{1-B^{-(n+1)}}{1-B^{-1}}$$

$$M=B^{-1}C\lim_{n\to\infty}\frac{1-B^{-(n+1)}}{1-B^{-1}}=B^{-1}C\frac{1}{1-B^{-1}}=\frac{C}{B-1}$$

$$M=\frac{1}{2}$$

On retrouve la valeur ½ trouvée précédemment pour les carrés magiques réels (qui au passage était déjà lui aussi un fractal) comme moyenne d'un fractal réel issu d'une figure magique de rang impair ayant une case isolée.
Par ailleurs, nous avons remarqué que pour une figure magique de rang impair, il est possible « d'extraire » la case, qui contient le nombre correspondant à la somme d'une case isolée, pour la mettre n'importe où et obtenir ainsi une autre figure magique (voir l'exemple précédent : la figure a été fabriquée à partir d'un carré magique de 3X3).

Exemple au rang 11 :

rang de la figure	11	Somme	66
Nombre de cases		sommes	
1		6	
2		12	
3		18	
4		24	
5		30	

	18	18	18	12
24	3	7	6	8
24	10	9	1	4
18	5	2	11	

Si l'on extrait la case 6 on peut la mettre n'importe où et obtenir une autre figure de même rang :

	18	18	12	12	6
18	3	7		8	
24	10	9	1	4	
18	5	2	11		
6					6

	18	18	12	18
18	3	7		8
24	10	9	1	4
24	5	2	11	6

	24	18	12	12
18	3	7		8
24	10	9	1	4
18	5	2	11	
6	6			

	18	18	12	12	6
18	3	7		8	
30	10	9	1	4	6
18	5	2	11		

Donc on peut en déduire que tous les fractals magiques issus de figures magiques de rang impair ont une moyenne égale à ½.

(Ce qui suit n'est pas une démonstration)

La démonstration précédente est basée sur une caractéristique des figures magiques de rang impaires, qui est de pouvoir « isoler » la case dont la valeur est la somme d'une case isolée. Ce qui n'est pas le cas des figures magiques de rang pairs.

Pour les rangs pairs, <u>si on démontre</u> que la moyenne à chaque itération est la moyenne de l'itération correspondante du rang impair précédent et du rang impair suivant (ce que l'on constate et semble raisonnable), ces moyennes de rangs impairs convergeant toutes les 2 vers ½, la moyenne du rang pair intermédiaire converge elle aussi vers ½.

R_0 rang de la figure magique à l'origine du fractal. C'est aussi la base de numération du fractal (déjà dit).
Rang du fractal magique à l'itération i : $R_i = R_0^i = B^i$

<u>Remarque</u> : Il est possible, pour les figures magiques de rang pair d'extraire 2 cases dont la somme est la somme de 2 cases isolées, mais ce n'est pas toujours le cas. Pour cela il faut que 2 cases dont la somme est égale à la somme de 2 cases isolées soient sur la même ligne ou la même colonne.

Rang	16	Somme	136
		1	8,5
		2	17
		3	25,5
		4	34
		5	42,5
		6	51
		7	59,5
		8	68

	34	34	34	34
34	1	16	6	11
34	7	10	4	13
34	12	5	15	2
34	14	3	9	8

En exemple, tous les assemblages de 2 cases de ce carré magique sur une même ligne (il n'y en a pas en colonne) dont la somme est 17 peut être isolé :

	34	34	34	34
34	1	16	6	11
34	7	10	4	13
34	12	5	15	2
17			9	8
17	14	3		

	34	34	34	34
17	1	16		
17			6	11
34	7	10	4	13
34	12	5	15	2
17			9	8
17	14	3		

	34	34	34	34
17	1	16		
34	7	10	6	11
17			4	13
34	12	5	15	2
17			9	8
17	14	3		

	34	34	34	34
17	1	16		
34	7	10	6	11
17			4	13
17			15	2
34	12	5	9	8
17	14	3		

	34	34	34	34
34	1	16	6	11
17	7	10		
17			4	13
17			15	2
34	12	5	9	8
17	14	3		

	34	34	34	34
34	1	16	6	11
17	7	10		
17			4	13
17			15	2
17	12	5		
34	14	3	9	8

Le jeu des figures magiques

Il s'agit de passer d'une figure magique à une autre figure magique de même rang, en faisant glisser des cases, faisant passer d'une figure magique à une autre.

Par exemple : comment passer de cette figure magique de rang 15

étape initiale

	64	56
16	1	15
16	14	2
16	3	13
16	12	4
16	11	5
16	6	10
16	9	7
8	8	

à cette figure magique

étape finale

	32	24	24	32	8
32	14	1	15	2	
16	3			13	
32	6	12	4	10	
32	9	11	5	7	
8					8

Une solution est (à chaque étape on a une figure magique de rang 15) :

étape initiale

	64	56
16	1	15
16	14	2
16	3	13
16	12	4
16	11	5
16	6	10
16	9	7
8	8	

étape 1

	32	32	32	24
16			1	15
16	14	2		
16	3	13		
16			12	4
16			11	5
16	6	10		
16	9	7	8	

étape 2

	32	32	32	24
32	14	2	1	15
32	3	13	12	4
32	6	10	11	5
24	9	7	8	

étape 3

	32	32	8	24	24
40	14	2	8	1	15
32	3	13		12	4
32	6	10		11	5
16	9	7			

étape 4

	32	32	8	2
40	14	2	8	
16	3	13		
32	6	10		1
32	9	7		1

étape 5

	32	32	8	24	24
0	14	2	8	1	15
16	3	13			
32	6	10		12	4
0	9	7		11	5

étape 6

	32	0	8	24	24	32
40	14		8	1	15	2
16	3					13
32	6			12	4	10
32	9			11	5	7

étape finale

	32	24	24	32	8
32	14	1	15	2	
16	3			13	
32	6	12	4	10	
32	9	11	5	7	
8					8

ANNEXE I : Calcul de la moyenne d'un carré magique réel construit à partir d'un seul et même carré magique entier

Construisons encore une fois une suite de carrés dont la limite converge vers un carré magique réel « C_∞ ».

Cette fois c'est le même carré magique entier CM qui est utilisé à chaque itération (CM est de taille N_1 et est défini dans l'intervalle $[0, N_1-1]$)

On procède par itérations successives, « n » étant l'ordre d'itération. À chaque itération on calcule le carré d'ordre supérieur en ajoutant une B-ale, prise dans le carré magique entier CM, aux nombres du carré de l'itération précédente. Tout en préservant la propriété de moyenne constante.
Cela permet d'avoir un carré dont tous les termes restent compris entre 0 et 1. Le carré calculé est donc un carré B-ale.

- C_n : $n^{ème}$ carré de la suite des carrés. Ce carré est de taille N_n
- $C_1(c,l)=\frac{CM(c,l)}{B}$
- B = base de la numération = N_1^2
- $N_n = N_1^n \Rightarrow N_{n+1} = N_1^{n+1} = N_1 N_n$
- $C_\infty = \lim_{n\to\infty} C_n$

La base de numération des nombres du carré doit être N_1^2 pour avoir la surjectivité de C_∞. À chaque itération, les nombres du carré C_n ont n B-ales et tous les n-Baux, sont représentés dans le carré une fois et une seule.

Max() est la fonction Maximum : $\forall(c,l)$, $C_n(c,l) \leq Max(C_n)$

$$\sum_{c,l=1}^{N_1} C_1(c,l)=\frac{\sum_{c,l=1}^{N_1} CM(c,l)}{N_1^2}=\frac{N_1^2-1}{2}=\frac{Max(C_1)}{2}$$

Et

$$Max(C_n(c,l))=(B-1)\sum_{i=1}^{N_n} B^{-i}$$

La suite des carrés est définie par (on ajoute une B-ale prise dans le carré C_1):

$$C_{n+1}(c,l)=B^{-n}C_1(E((c-1)\,mod\,N_1)+1,E((l-1)\,mod\,N_1)+1)+C_n(E(\frac{c}{N_1})+1,E(\frac{1}{N_1})+1)$$

Ou :

$$C_{n+1}(c,l)-c_n(E(\frac{c}{N_1})+1,E(\frac{l}{N_1})+1)=B^{-n}C_1(E((c-1)\,mod\,N_1)+1,E((l-1)\,mod\,N_1)+1)$$

Donc la suite C_n converge (on ajoute un terme multiplié par une puissance négative de B.
$B \geq 9$ car le plus petit carré magique entier est de taille 3 et contient les nombre de 0 à 3^2-1 = 8)

Raisonnement par récurrence

On raisonne sur les moyennes en colonne, le raisonnement serait identique en ligne.
On suppose que :

$$l[1,N_n]: moyenne_c(\sum_{c=1}^{N_n} C_n)=\frac{Max(C_n(c,l))}{2}$$

Alors : $Max(C_{n+1}(c,l))=(B-1)\sum_{i=1}^{n+1} B^{-i}=Max(C_n(c,l))+(B-1)B^{-(n+1)}$

Et on calcule $\sum_{c=1}^{N_{n+1}} C_{n+1}(c,l)$:

$$\sum_{c=1}^{N_{n+1}} C_{n+1}(c,l)=B^{-n}\sum_{c=1}^{N_{n+1}} C_1(E((c-1)\bmod N_1)+1)E((l-1)\bmod N_1+1)+\sum_{c=1}^{N_{n+1}} C_n(E(\frac{c}{N_1})E(\frac{l}{N_1}))$$

$$\sum_{c=1}^{N_{n+1}} C_{n+1}(c,l)=B^{-n}\sum_{c=1}^{N_n}\sum_{i=1}^{N_1} C_1(i,l)+N_1\sum_{c=1}^{N_n} C_n(c,l)$$

$$\sum_{c=1}^{N_{n+1}} C_{n+1}(c,l)=B^{-n}\sum_{c=1}^{N_n}\frac{Max(C_1)N_1}{2}+N_1\frac{Max(C_n)N_n}{2}$$

$$\sum_{c=1}^{N_{n+1}} C_{n+1}(c,l)=N_n.B^{-n}\frac{Max(C_1)N_1}{2}+\frac{Max(C_n)}{2}$$

$$Max(C_1)=(B-1)B^{-1}B^{-n}Max(C_1)=B^{-n}(B-1)B^{-1}=B^{-(n+1)}(B-1)$$

$$\sum_{c=1}^{N_{n+1}} C_{n+1}(c,l)=N_{n+1}\frac{B^{-(n+1)}(B-1)+Max(C_n)}{2}$$

$$\sum_{c=1}^{N_{n+1}} C_{n+1}(c,l)=N_{n+1}\frac{Max(C_{n+1})}{2}$$

Et donc :

$$Moyenne_c(\sum_{c=1}^{N_{n+1}} C_{n+1}(c,l))=\frac{Max(C_{n+1}(c,l))}{2}$$

Ce qui valide l'hypothèse de récurrence :

$$Moyenne_c(\sum_{c=1}^{N_n} C_n(c,l))=\frac{Max(C_n)}{2}$$

Ce raisonnement reste le même pour la moyenne en ligne :

$$Moyenne_l(\sum_{l=1}^{N_n} C_n(c,l))=\frac{Max(C_n)}{2}$$

Ou encore :

$$\frac{Moyenne(\sum_{l=1}^{N_n} C_n)}{Max(C_n)}=\frac{1}{2}$$

Soit C le carré magique réel : $Max(C_\infty) = 1$

Alors : $Moyenne_c(C_\infty)=Moyenne_l(C_\infty)=\frac{1}{2}$

ANNEXE II : Les Bricolages

Ces « bricolages », qui n'en sont pas comme nous l'avons déjà noté, ne sont pas si importants que cela. À chaque fois, en considérant les nombres B-aux, nous ne considérons qu'un ensemble dénombrable de nombres donc le résultat de la somme (*l'intégrale au sens de Lebesgue qui est une généralisation de l'intégrale classique*) ne changera pas.
Un ensemble dénombrable est un ensemble dont il est possible de « compter » tous les éléments. (*C'est-à-dire qu'il existe une bijection (injective et surjective) entre les éléments de l'ensemble et l'ensemble des entiers*).
L'ensemble des B-aux étant dénombrables, cela veut dire que les B-aux sont infiniment moins nombreux que les autres nombres réels. (comparaison du nombre de graduations avec tous les points de la règle)
Pour exemple nous voyons apparaître petit à petit la cause de nos ennuis, nécessitant ces petits bricolages.

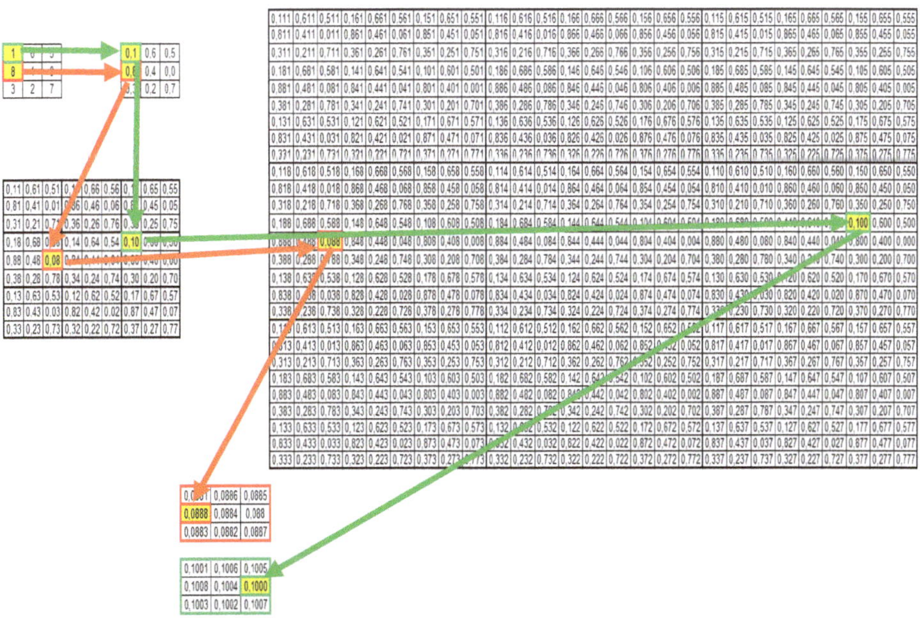

On voit apparaître dans les cases des itérations successives les nombres (on est en base 9) :
0,1 → 0,10 → 0,100 → 0,1000 → … → 0,10000…
0,0 → 0,08→ 0,088 → 0,0888 → … → 0,08888…

Sans être dans la même case, ils convergent tous les 2 vers le même nombre : 0,1 (en base 9)
D'où la nécessité d'éliminer l'un de ces 2 nombres pour n'en conserver qu'un.

Si on appelle Q_n l'ensemble des B-aux de n B-ales, chaque itération est une bijection de $Q_1 \times Q_n$ dans Q_{n+1}.
Q_{n+1} qui converge vers R, l'ensemble des réels. L'ensemble de ces nombres B-aux que nous aurons retirés seront remplacés par d'autres B-aux que nous aurons conservés. Nous ne rechercherons pas dans le détail la mécanique de ces substitutions, nous nous contenterons de dire que l'ensemble des B-aux conservés, et ceux éliminés, est un ensemble infini et dénombrable donc qu'il a assez d'éléments pour répondre au besoin de remplissage, mais pas assez pour influer le résultat des intégrales.

ANNEXE III : Les carrés magiques réels obtenus sont mesurables

- La démonstration des carrés magiques d'Antoine n'utilisent pas le processus itératif mais directement l'expression d'un carré magique réel (chaque case est la somme infinie des B_ales successives).
- Ces carrés magiques sont intégrables au sens de Lebesgue par construction.
- Reste à appliquer la limite de l'intégrale qui est l'intégrale de la limite de cette somme infinie.

Construction de carrés magiques réels (archives-ouvertes.fr) :

https://hal.archives-ouvertes.fr/hal-01401844v1/document

Publié en juillet 2022 par :

Stylit

Tampere, FINLANDE

www.stylit.net

ISBN : 978-952-390-215-2

En couverture : représentation d'un carré magique obtenue avec un tableur

www.ingramcontent.com/pod-product-compliance
Lightning Source LLC
Chambersburg PA
CBHW041300210926
51847CB00009B/96
9789523902152